旗 標 FLAG

好書能增進知識　提高學習效率　卓越的品質是旗標的信念與堅持

旗 標 FLAG

http://www.flag.com.tw

データ分析のための数理モデル入門
本質をとらえた分析のために

資料科學

Mathematical Model

的建模基礎

感謝您購買旗標書，
記得到旗標網站
www.flag.com.tw

更多的加值內容等著您…

<請下載 QR Code App 來掃描>

● FB 官方粉絲專頁：旗標知識講堂

● 旗標「線上購買」專區：您不用出門就可選購旗標書！

● 如您對本書內容有不明瞭或建議改進之處，請連上
旗標網站，點選首頁的 聯絡我們 專區。

若需線上即時詢問問題，可點選旗標官方粉絲專頁
留言詢問，小編客服隨時待命，盡速回覆。

若是寄信聯絡旗標客服 email，我們收到您的訊息
後，將由專業客服人員為您解答。

我們所提供的售後服務範圍僅限於書籍本身或內
容表達不清楚的地方，至於軟硬體的問題，請直接
連絡廠商。

學生團體　訂購專線：(02)2396-3257 轉 362
　　　　　傳真專線：(02)2321-2545

經銷商　　服務專線：(02)2396-3257 轉 331
　　　　　將派專人拜訪
　　　　　傳真專線：(02)2321-2545

國家圖書館出版品預行編目資料

資料科學的建模基礎 - 別急著coding！你知道模型的陷阱
嗎？／江崎貴裕 著；王心薇 譯. -- 初版. -- 臺北市：
旗標，2021.05　　面；　公分

譯自：データ分析のための数理モデル入門

ISBN 978-986-312-662-1 (平裝)

1.數學模式

310.36　　　　　　　　　　　　110002883

作　　者／江崎貴裕

翻譯著作人／旗標科技股份有限公司

發 行 所／旗標科技股份有限公司

　　　　　台北市杭州南路一段15-1號19樓

電　　話／(02)2396-3257(代表號)

傳　　真／(02)2321-2545

劃撥帳號／1332727-9

帳　　戶／旗標科技股份有限公司

監　　督／陳彥發

執行企劃／陳彥發

執行編輯／李嘉豪

美術編輯／林美麗

封面設計／蔡錦欣

校　　對／陳彥發、李嘉豪

新台幣售價：599 元

西元 2022 年 8 月 初版 3 刷

行政院新聞局核准登記-局版台業字第 4512 號

ISBN 978-986-312-662-1

序言

　　本書是一本想要挑戰以跨領域、綜觀全局之視野，針對「數學模型」這項在資料分析與應用當中不可或缺的工具進行解說的教科書。其實數學模型的種類非常多元，有許多做法可以提供各種不同的問題及領域使用。即使我們將範圍限縮到以資料分析為主的數學模型之上，目前在計算機科學、統計學、物理學、化學、生物學、生態學、心理學及經濟學等領域中所使用的做法也都仍有差異（但近來資料科學的發展似乎降低了這些領域與方法之間的藩籬）。

　　不過這些做法只是呈現方式有所不同，基本上仍都是希望建立出能夠精準表現資料生成原理的數學模型，並從中提取資訊。因此每一種做法的概念、步驟以及會面臨到的挑戰等，其實都還是共通的。

　　本書的目標是以寬廣的視野，針對利用數學模型進行資料分析時的核心部分進行解說。希望藉此在一定程度上回應以下幾種讀者的需求：

● 希望了解資料分析可以利用數學模型完成哪些事情

● 希望了解目前使用的數學模型是否合適，以及該如何尋找其他可能的選項

● 希望藉由理解數學模型的行為與性質，使資料分析更切中核心

　　雖然近來已有許多關於資料分析方法的好書問世，網路上也能找到各種包含實作程式在內的好文分享。但若要能正確地決定處理問題的方式，還是必須先對數學模型的整體面貌有所了解才行。因此本書的第一要務為讀者建立整體概念，各項主題延伸的應用則是會點到為止。

本書也特別著重在以平易的口吻進行解說，使讀者不需具備數學專業知識也能夠輕鬆理解。至於更進一步的資訊，則會在註解提供說明或是參考文獻。因此除了資料分析的初學者之外，相信平常就在研究或使用資料分析的專家也都能有收穫。

　　本書分為四篇。第一篇會先介紹數學模型的定義以及適用範圍，使讀者對數學模型有一個基本的認識。第二篇主要是為後續章節打底，因此除了講解相關基礎概念，也會介紹幾款基本的數學模型。這些內容也是為了之後要使用到的數學知識做準備，因此對數學及數學模型都已有一定程度了解的讀者，這部分只要稍微瀏覽過即可。第三篇會針對身為資料分析主力的數學模型進行介紹，包括各種類型的說明以及能夠藉由它們達成的目的。最後在第四篇當中，則會講解實際進行資料分析時，該如何選擇並且建立模型。

　　各位將在本書中看到各式各樣的數學模型及概念陸續登場。雖然編排上也可以直接將各領域的經典依序排列出來，但既然得此機會整理成冊，光是這樣做的意義恐怕不大。因此本書捨棄單純羅列的做法，而是將重點擺在使讀者能藉由它們之間的關係以建立整體概念。只是在這樣的理念之下，即使安排了充分的資訊，仍免不了無數的遺珠之憾。但相信各位在擁有本書提供的知識之後，應該都能在必要時找到所需的相關資訊。

　　最後衷心期盼本書能為讀者對數學模型以及資料分析的理解帶來一些貢獻。

目錄

序言

第一篇 何謂數學模型

第1章 資料分析與數學模型

第2章 數學模型的組成元素與類型

第二篇 基礎數學模型

第3章 由簡單方程式建構而成之模型

第三篇 進階數學模型

第7章 時間序列模型

第四篇 建立數學模型

第一篇
何謂數學模型

在第一篇當中，我們將會先講解數學模型是什麼、使用數學模型進行資料分析又與一般的資料分析有什麼不同。接著，則會說明我們能夠利用這些數學模型做什麼事情。雖然本書會介紹各式各樣的資料分析手法，但以目的來看，大致上可分為兩種類型：理解導向及應用導向。我們將會針對這兩種目的，概略介紹各種數學模型的使用方式，藉此讓各位對數學模型有個基本的概念。

第1章

資料分析與數學模型

在深入了解數學模型之前,我們先說明「資料分析」到底是什麼意思,以及「使用數學模型」有什麼好處。當我們透過資料分析來了解一個事物時,通常都會伴隨著一項限制:只能從手中的資料提取出有用的資訊。而數學模型即使在這樣的限制之下,也能夠提供強大的分析結果或是應用方式,只是該如何判斷合適的數學模型呢?又該怎麼知道數學模型的正確性呢?這就是本章接下來要說明的內容了。

1.1 資料分析

人類的認知限制與資料分析

我們為什麼要做資料分析呢？我們的大腦隨時都在處理各種資訊，藉此理解並掌控這個世界上各種事物。但是當目標物的行為較為複雜時，想要直觀地去理解和掌控也會變得比較困難。在這種情況下，我們會聚焦在目標物上，盡可能獲得與目標物相關的資訊（**資料**），並嘗試分析出其運作機制或規則，再做出決定，這就是在進行資料分析。

人類其實從很久以前就在各個學術領域中進行資料分析，這也是社會發展的重要驅動力。但時至今日，這個世界上仍充滿了人類尚未完全理解的複雜現象。最好的例子就是人類本身的行為（個人行為及社會現象）、生態系統的變化以及生命現象等。

> **小編補充** 舉例來說，各位讀者如果要到隔壁找鄰居講事情，大概不需要規劃路程；但如果要安排一趟旅行，我們會先蒐集到達目的地的交通資訊：油錢多少、耗時多久、高速公路的車潮規則，藉此規劃可以儘量最省油錢、最省時、避開塞車的路線。像這樣即是透過資料分析，來規劃、掌控旅途交通。

將目標物視為資料生成系統

本書通常會將資料分析的對象稱為**系統**（system）。因為這個詞帶有「一整套相關的事物」的含意（編註：而非單一個體。比如上述的範例中，不會只考慮從家裡到目的地有幾公里因此可能耗時多少，因為這樣可能會

遇到塞車），表達起來十分貼切，因此是經常使用到的一個術語[註1]。人類從系統中獲取資料的過程稱為**觀察**（observation）。而同一個過程反過來看，則稱系統**生成**（generate）了資料。

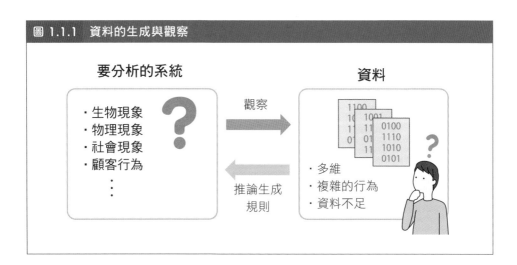

圖 1.1.1　資料的生成與觀察

資料分析的極限

當然，並不是只要進行資料分析就什麼都能懂了。因為大多數情況下，我們所獲得的資料都只反映了目標系統的一小部分，而這會造成：（1）**單純地資料不足**，或（2）**無法觀察到目標系統的全貌**。此外，即使能完整地取得相關資料，但（3）**若是要分析的現象極為複雜**，通常也很難真正理解系統的運作機制。舉例來說，即使我們可以完整取得大腦中所有神經元的活動模式，但要藉此了解它們是如何產生出高智力，顯然又是另外一個難題了。

註1　一般而言，「系統」也會用來表達方法、制度或體制等意思，但此處並無此含意。

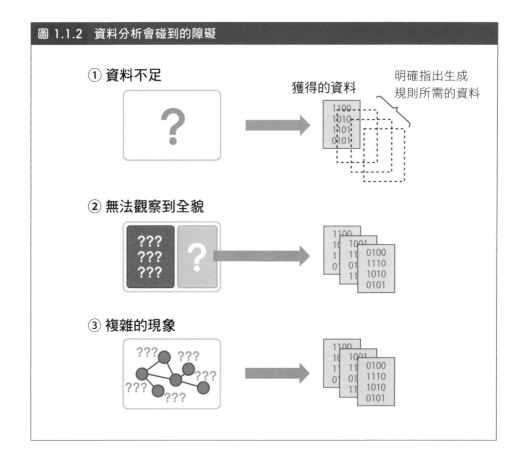

圖 1.1.2　資料分析會碰到的障礙

① 資料不足

② 無法觀察到全貌

③ 複雜的現象

獲得的資料

明確指出生成
規則所需的資料

2 種資料分析的做法

　　資料分析的典型做法是使用還原論（reductionism）。其策略是將一個看似交織多種元素的目標系統，拆解成少數幾個可以彼此分離的元素集合。好處是我們可以透過掌握各個元素，來理解、掌控整個系統。這種做法已經在現代科學中取得了一定的成果，而且今後應該也會繼續發展下去。

　　如果是無法以還原論理解的目標系統，是否有別種方式去理解和控制呢？因此，就出現了以**深度學習**（deep learning）為主的另一種策略：「不拆解系統元素，直接讓複雜的目標系統保持在複雜的狀況之下進行分析」。這種策略在部分問題上的表現極為良好，可說是一種新的**資料驅動**（data-driven）分析典範（paradigm）。而目前除了專門探究這種分析方式運作原理之外，也有研究使用此方法來從資料中萃取有用的資訊。

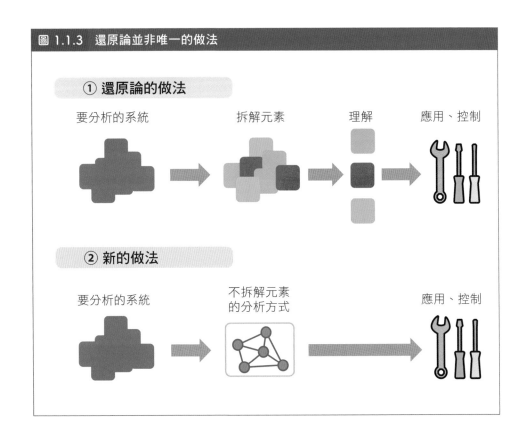

圖 1.1.3　還原論並非唯一的做法

① 還原論的做法

要分析的系統　　　拆解元素　　　理解　　　應用、控制

② 新的做法

要分析的系統　　　不拆解元素的分析方式　　　應用、控制

1.2　數學模型的作用

光是查看資料已不足以應付需求時，就是數學模型的出場時機

聽到資料分析，通常第一個會想到的方法應該是利用**平均值**（mean）或**標準差**（standard deviation）等數值（**敘述統計**，descriptive statistics）來進行計算或繪製圖形吧。的確，利用這種方式掌握資料的特徵，也可以說是一種很好的資料分析。有時候只需要透過解讀這些數值就足以理解各種現象、趨勢、或單純想像其背後運作的機制，就能得到一些有用的結論。

但還是有些事情是無法單靠查看資料完成的。比如說以下幾項（圖 1.2.1）。

- 以客觀的方式闡明現象發生的機制
- 根據資料預測未來
- 利用電腦執行高階的資料處理或資料生成

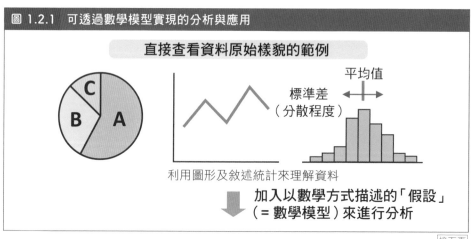

圖 1.2.1　可透過數學模型實現的分析與應用

直接查看資料原始樣貌的範例

平均值

標準差（分散程度）

利用圖形及敘述統計來理解資料

加入以數學方式描述的「假設」（＝數學模型）來進行分析

接下頁

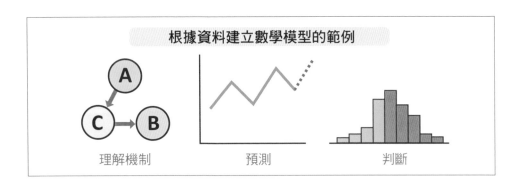

而這類問題就很適合使用**數學模型**（mathematical model）來解決。**數學模型是以數學方法來描述現象或系統，並模擬其資料生成規則的一種架構**。因為我們想要分析的系統，通常都無法生成所有我們想要的資料或讓我們更動其內部設定，但若可以利用數學模型製造出一個與目標系統相同行為的替代品，就能直接使用數學模型進行分析或預測了（圖 1.2.2）。

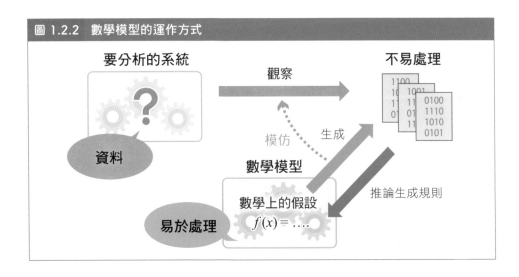

圖 1.2.2　數學模型的運作方式

數學模型是一種「假設」

在建立數學模型時，首先必須決定要用什麼數學結構來表示目標系統。在實際的問題中，沒有任何一種數學模型可以完美地表達目標系統。

所有分析都是先以「這看起來像是某某數學結構」這樣的假設為前提來進行。當決定好要使用何種數學模型之後，接下來就要去調整模型，使模型盡可能地產生出與目標系統相同的資料。

而最終完成的數學模型能夠多貼切地表現出目標系統，很大程度是取決於一開始所做的假設。如果我們可以建立出一個與目標系統的資料結構和生成機制皆相符的數學模型，就能藉由模型的運作獲得各種原始資料中不易觀察的資訊。

但相反地，如果建立數學模型時使用了不適合的假設，該假設就有可能引導出錯誤的結論，或完全無法提供所需的應用。這種情況特別容易在數學模型較為複雜的時候發生，因為此時模型的行為也會較難理解，即使建立模型的過程有問題，也很難輕易地發現。

因此請務必記住，所有從數學模型得到的結論，都是在建立模型時所作的假設成立時才適用 [註2]。而本書之後也會再另外介紹建立適當模型時的注意事項，以及評估模型時的重點。

第 1 章小結

- 數學模型是以數學方法來描述現象或系統，並模擬其資料生成規則的一種資料分析方法。

- 單純查看資料無法了解的機制，就很適合以數學模型來幫助理解，或進行預測等高階的分析與應用。

- 請注意，利用數學模型進行的分析都是在一些數學假設的前提來進行的。

註2　不過在接下來會介紹到的應用導向建模當中，也會出現只要性能表現沒問題就可以接受的情況。

第 2 章

數學模型的組成
元素與類型

本章開始具體講解數學模型，我們會介紹數學模型
的組成元素。此外，數學模型的種類其實很多，但
本書會先依照目的將其分為 2 種類型，並搭配實例
整理出在這 2 種目的下數學模型的使用方式，這些
內容是後續章節的基礎知識。

2.1　變數、數學結構、參數

數學模型的組成元素

本書會將數學模型拆成 3 種元素：**變數**（variable）、**數學結構**（mathematical structure）以及**參數**（parameter）。本節先針對這 3 種元素說明其重要術語及注意事項等。

變數的表現方式

建立數學模型的第一步，就是準備**變數**。變數是利用數字或符號表現目標系統中某些狀態、性質或數量等的一種元素。變數根據用途的不同，有幾種不同的分類方式（圖 2.1.1）。

(1) 定量變數及定性變數

首先要介紹的是根據變數之值所做的分類。利用能夠進行加減運算之數字來表示的變數，稱為**定量變數**（quantitative variable）[註1]。舉例來說，在以變數描繪一個人的特徵時，身高與體重的測量結果就是定量變數。

而另一方面，無法進行加減運算的變數，像是性別、興趣及測驗排名等，則稱為**定性變數**（qualitative variable）或**類別變數**（categorical

---

註1　可以再進一步分為**等距尺度**（interval scale）及**等比尺度**（ratio scale）。其中等比尺度是指除了加減運算之外，除法計算也會有意義的量。舉例來說，溫度就算是等距尺度，因為溫度之間的差雖然可以定義，但比例是無法定義的。像是 25 度與 30 度之間的差，和 10 度與 15 度之間的差都是 5 度，這兩個 5 度之差在物理上意思是相同。然而 100 度並非比 1 度熱 100 倍（編註：量身高所使用的變數即是等比尺度，身高 100 公分的人比身高 50 公分的人高 2 倍）。

圖 2.1.1　變數類型

變數 = 表示目標系統之狀態或數量的元素

根據值的性質進行分類

定量變數　（例）身高、體重、BMI、……

定性變數　（例）性別、興趣、測驗排名、……
（類別變數）

根據是否可觀察到進行分類

可觀測變數　可以直接觀察到或測量到（可見）的變數

潛在變數　無法直接觀察到或測量到（不可見）的變數

根據在模型中的功能進行分類

目標變數（依變數）　被說明的變數

解釋變數（自變數）　說明用的變數

variable）[註2]。確認變數屬於定量或定性變數非常重要，這可以讓我們判斷能對其進行的數學操作。

(2) 可觀測變數與潛在變數

接下來要介紹的是根據變數是否能直接觀察到所做的分類。能夠直接觀察到並取得資料的變數稱為**可觀測變數**（observable variable），無法直接觀察到的變數則稱為**潛在變數**（latent variable）。舉例來說，假設我們可

註2　定性變數可以再分為**名目尺度**（nominal scale）及**順序尺度**（ordinal scale）。上述說明中提到的性別和興趣都是名目尺度，測驗排名則是順序尺度。測驗排名雖然是以數字表示，但該數字本身是沒有意義的（第 1 名與第 5 名之間的差，和第 101 名與第 105 名之間的差通常是不同的）。因此雖然**不能計算平均值**，但因為可以排出順序，所以還是**可以決定中位數**。

以取得消費者在便利商店購買的商品清單，則在此情況下，「買了什麼東西」就是可觀測變數。但由於光憑如此無法得知消費者「為什麼要購買這項商品」（是被包裝吸引呢？還是因為便宜？等等），因此「購買原因」就是潛在變數。

可以觀察到的變數當然是越多越好，但仍有些系統需要透過含有潛在變數的模型來表示。

(3) 目標變數與解釋變數

最後要介紹的是根據變數在模型中的功能所做的分類。舉例來說，當我們要以數學模型來表示「身高越高，體重就越重」的情形時，必須先確認是否能用身高計算出體重之值（圖 2.1.2）。

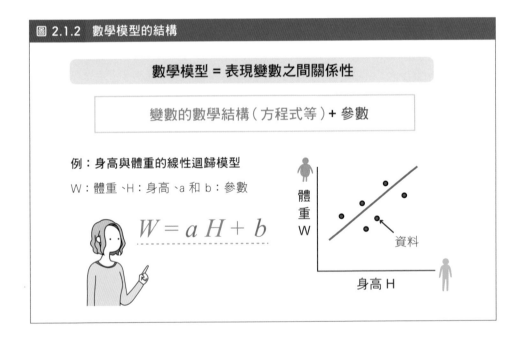

圖 2.1.2　數學模型的結構

數學模型 = 表現變數之間關係性

變數的數學結構（方程式等）+ 參數

例：身高與體重的線性迴歸模型

W：體重、H：身高、a 和 b：參數

$$W = aH + b$$

體重 W

身高 H

資料

此時，用來計算的身高就是**解釋變數**（explanatory variable），或稱**自變數**（independent variable），而被計算出來的體重則是**目標變數**（objective variable），或稱**依變數**（dependent variable）。

數學結構 =「數學模型的骨架」

　　數學模型是利用數學方法將目標系統裡的變數之間的關係表現出來（圖 2.1.2）。其中「利用數學方法表現」所需的一切東西（如運算式等），本書都統稱為**數學結構**（mathematical structure）。不過現階段，各位先將其視為運算式即可[註3]。數學結構決定後，數學模型的骨架就固定了。若骨架與資料的性質不合，則不管再努力也不可能將資料詮釋得多貼切。因此**選擇適合的數學結構，就是良好分析的基礎**。

參數可以「調整」數學模型

　　每個數學模型都有其「活動範圍」，使模型能夠適用於多種資料。而控制活動範圍的元素就是**參數**（parameter）[註4]。經過模型貼合資料的**擬合**（fitting）[註5] 操作之後，便能決定參數值，進而完成數學模型。參數的數量越多，數學模型的「活動範圍」（**自由度**：degree of freedom）就會越大，表現力也會隨之提升。換句話說，就是更能夠貼合資料。

　　不過表現力過高（過度擬合資料）通常也會引起一些問題，這在之後會再另做說明（8.1 節）。至於模型中到底該包含多少參數，則取決於分析目的及使用的數學結構（第 12 章）。

註3　由於一般教科書中提到的數學模型，廣義上只屬於本書提到的多個「數學結構」的其中一種，因此不會特別區分「數學模型」跟「數學結構」。但本書會介紹到無法以運算式表示（用其他方式描述會比較方便）的數學模型，因此在選擇術語時採用了較為抽象的數學結構一詞。但這不是自創新詞，而是平時就會使用到的一個術語，意為：「可使用數學方法描述目標系統背後（或有正面表現出來的）之性質」。

註4　統計學中有時稱為**母數**。

註5　不同領域會有不同的說法，如「參數估計（parameter estimation）」、「迴歸（regression）」及「模型擬合（model fitting）」等。

2.2　數學模型與自然科學的基礎理論

數學模型經過確立即可成為基礎理論

當數學模型與現實資料的一致性經過充分的審視之後，其中部分模型有可能成為其對應現象的近似理論。像是用來表示物體運動的牛頓運動方程式，與電磁學中的馬克士威方程組（Maxwell's equations），都是以此方式確立的模型。這些數學模型大多是以**微分方程式**（differential equation）來表現，因為微分的意義即為「**計算某種事物相對於其他事物的變化率**」，因此模型中的重要變數經常會以微分來表現。比如說移動中的物體速度可以用物體位置相對於時間的變化率來表現，因此也可以使用微分來描述。而包含變數之微分的方程式，即為微分方程式。我們可以利用含有微分方程式的數學模型來計算並預測出各式各樣的實際現象。

邊界條件與計算的難易度

數學模型在不同的問題上會有不同的適用時間與空間範圍。而數學模型在適用範圍的**邊界**上所須滿足的條件，則稱為**邊界條件**（boundary condition）。當我們求解問題時，一開始就必須滿足的條件稱為**初始條件**（initial condition），這也是邊界條件的一種。一般來說，情況較為單純的問題，大多可以直接在數學模型進行理論上的計算。但現實問題中的邊界條件往往較為複雜，通常只能藉由數值模擬（數值計算）來進行計算。

本書的內容會聚焦在「用於資料分析的數學模型」。也就是說，我們要探討都是「還未知特性或原理的資料」。因此對於那些建立在已知資料特性的數學模型，本書不會深究，而是會直接使用這些數學模型所含的相關知識。

圖 2.2.1 被視為基礎理論的數學模型

自然科學基礎方程式之範例

牛頓運動方程式

$$m\frac{d^2\boldsymbol{r}}{dt^2} = \boldsymbol{F}$$

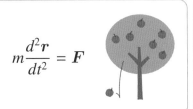

馬克士威方程組

$$\begin{cases} \nabla \cdot \boldsymbol{B}(t, \boldsymbol{x}) &= 0 \\ \nabla \times \boldsymbol{E}(t, \boldsymbol{x}) + \dfrac{\partial \boldsymbol{B}(t, \boldsymbol{x})}{\partial t} &= 0 \\ \nabla \cdot \boldsymbol{D}(t, \boldsymbol{x}) &= \rho(t, \boldsymbol{x}) \\ \nabla \times \boldsymbol{H}(t, \boldsymbol{x}) - \dfrac{\partial \boldsymbol{D}(t, \boldsymbol{x})}{\partial t} &= j(t, \boldsymbol{x}) \end{cases}$$

微分代表某種事物的變化量　$\frac{d}{dx}$　$f'(x)$　∇　Δ

微分 = 某種事物的變化速度、某種東西的斜率、......

➡ 各種情況下常使用的重要變數

圖 2.2.2 令人感到棘手的邊界條件

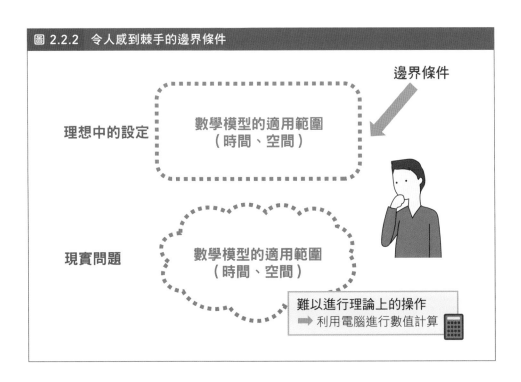

邊界條件

理想中的設定　數學模型的適用範圍（時間、空間）

現實問題　數學模型的適用範圍（時間、空間）

難以進行理論上的操作
➡ 利用電腦進行數值計算

2.3 理解導向建模與應用導向建模

▌模型的建立方式會因為目的而有很大的差異

本書將利用數學模型進行資料分析，依目的分為 2 種類型（圖 2.3.1）。

一種是**理解導向建模**。這類建模的主要目的是**理解資料的生成機制**。例如明確指出有哪些因素會對目標系統之現象產生重大影響，或清楚闡明該現象之起因。

另一種則是**應用導向建模**。這類建模的主要目的是**以手邊資料為基礎，預測或控制未知的資料，或使模型生成新的資料並加以利用**。這類建模可以用在影像辨識、影像生成、自動駕駛以及機器翻譯等領域當中，因此比起理解導向建模，它會比較重視實際應用時的性能。但由於最終決定是否要使用這類系統的還是人類，因此仍會需要足夠理解模型的行為。

▌模型的複雜度與理解的難易度

數學模型在遇到以下 2 種情況時，通常會變得複雜而難以理解 註6。

- 變數與參數的數量眾多
- 數學結構使用了較複雜的函數

註6　但也有例外，有些模型看似單純，行為卻相當複雜，像是混沌（編註：羅倫茲方程組（Lorenz equations）都是由一階微分所組成的數學方程式，但行為卻很難分析）。

因此若為理解導向建模，應考慮以下情況。

- 請將變數與參數的數量降到最低

- 請在數學結構中盡可能使用較簡單的函數

但若簡單過頭，與資料產生了偏離，將會連原本的目的都無法達成，因此還是必須視情況來設定模型的複雜度。

另一方面，由於應用導向建模並不要求必須理解目標系統，因此（只要模型性能良好）不需要特別在意這幾點。

接下來，讓我們深入介紹這 2 種建模方式吧！

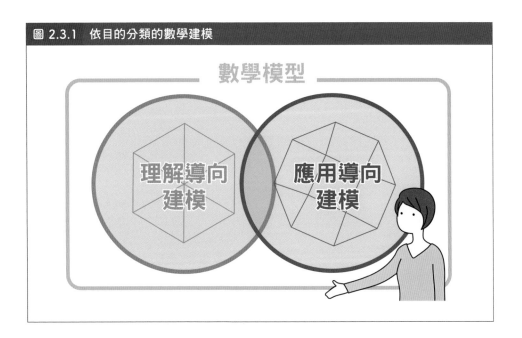

圖 2.3.1　依目的分類的數學建模

2.4　理解導向建模

理解導向的建模方法

數學模型是以什麼方式來協助我們理解目標系統的機制呢？

首先，我們必須要以一個基本的想法做為前提：「能夠將資料詮釋得很貼切的數學模型，**應該在一定程度上也掌握到了資料的生成過程，因此只要研究該模型就能理解目標系統了**」。

這種做法有 4 種具代表性的策略如下 註7：

（1）利用數學結構來理解目標系統。

（2）利用推測出來的參數值來理解目標系統。

（3）利用推測出來的潛在變數進行後續分析。

（4）利用修改參數後數學模型的變化，來模擬目標系統的行為。

註7　實際上可能會同時採用多種策略。

圖 2.4.1 理解導向建模的 4 種策略

理解導向建模的種類

（1）利用數學結構來理解目標系統

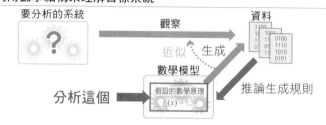

（2）利用推測出來的參數值來理解目標系統

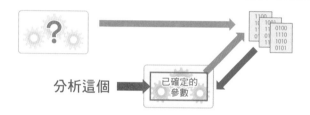

（3）利用推測出來的潛在變數進行後續分析

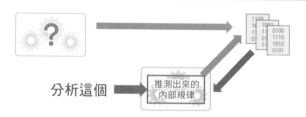

（4）利用修改參數後數學模型的變化，來模擬目標系統的行為

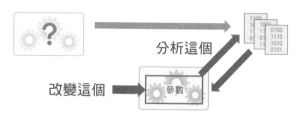

▌(1) 利用數學結構來理解目標系統

這種方法採用的邏輯是：「只要模型能夠解釋資料，就代表建立數學模型時假設的數學結構是正確的可能性很高」。舉例來說：各位知道高速公路上即使沒有車禍，也可能會出現塞車現象嗎？當車道的擁擠程度來到每 1 公里約有超過 25 輛車時，這種自然塞車的現象就會開始出現。我們這次要介紹的範例，就是要以數學模型來分析這種現象的發生機制[註8]。

自然塞車是只有大批車輛聚集時才會發生的現象，這種現象稱為**集體現象**。研究集體現象產生的問題，通常都是希望了解這種「無法藉由分析個別元素來理解的整體行為」，究竟是如何產生[註9]。就像在這次的範例中，我們也是無法透過觀察單一車輛的動作來理解為什麼會出現自然塞車。

這類問題有一種常見的解決方法，就是以方程式來表示每一輛車的動作（速度）。比如說有一款數學模型：最佳速度模型（optimal velocity model），就是利用數學假設來描述「駕駛根據車間距離，決定要踩油門或剎車（來改變車輛加速度）」。簡單來說，該模型是先將以下 2 種在直觀上較為重要的假設放到了數學運算式中[註10]。

- 車間距離越近，駕駛就會將車速調整得越慢

- 車間距離若夠長，駕駛就會將車速調整到固定的最高速度

註8　以下提供幾項參考資料給有興趣深入了解的讀者。首先是一本簡單易懂的介紹書籍：西成活裕「よくわかる渋滞学」（ナツメ社）；接著是最佳速度模型的原著論文：M.Bando et al., Phys.Rev. E 51, 1035（1995）；而以實驗證明會產生自然塞車的文獻則出自：Y.Sugiyama et al., New J. Phys.10, 033001（2008）。

註9　簡單來説，就是「了解由**微觀**（microscopic）行為引起的**巨觀**（macroscopic）行為」。物理學中的統計力學就是以此為基本概念，而從統計力學中開發出來的一些做法，目前也都跨領域應用到如社會學或生物學等其它領域的分析上了。

註10　這邊即使不了解運算式的具體內容，也不會妨礙本書的閱讀。

接著再利用上述方式調整「粒子」(稱為自我推進粒子，self-propelled particle，或自驅動粒子，self-driven particle)的速度，而粒子的集合即為車陣，藉此將路上的車潮模型化。

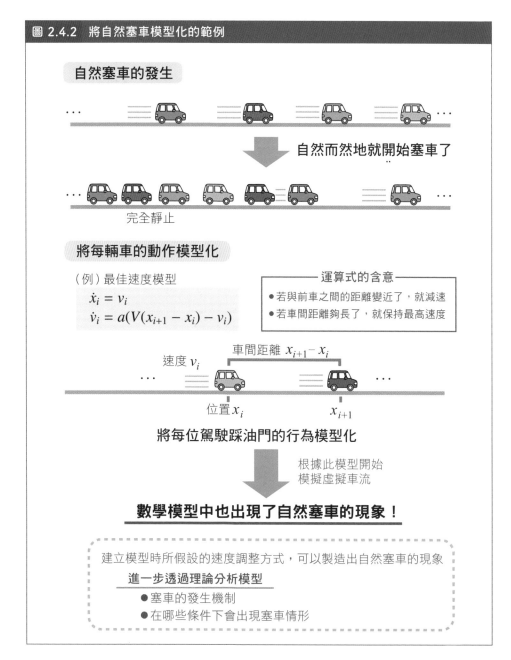

圖 2.4.2 將自然塞車模型化的範例

自然塞車的發生

... 自然而然地就開始塞車了

完全靜止

將每輛車的動作模型化

(例)最佳速度模型

$$\dot{x}_i = v_i$$
$$\dot{v}_i = a(V(x_{i+1} - x_i) - v_i)$$

── 運算式的含意 ──
● 若與前車之間的距離變近了，就減速
● 若車間距離夠長了，就保持最高速度

車間距離 $x_{i+1} - x_i$

速度 v_i

... ...

位置 x_i　　　　x_{i+1}

將每位駕駛踩油門的行為模型化

根據此模型開始
模擬虛擬車流

數學模型中也出現了自然塞車的現象！

建立模型時所假設的速度調整方式，可以製造出自然塞車的現象
進一步透過理論分析模型
● 塞車的發生機制
● 在哪些條件下會出現塞車情形

　　實際根據上述運算式讓粒子移動 註11 之後就會發現，只要車輛的擁擠度超過了某一個臨界值，就會自然而然地開始出現塞車情況。這代表我們可以利用模型中假設的數學結構（車速的變化方式）重現出目標系統之現象 註12。因此進一步分析該模型之後，我們就能明確地指出：「當塞車情況出現時，車速的變動會影響到後方車輛，進而擴大塞車的規模」，也能找出導致塞車的擁擠條件等等。

　　一般來說，即使可以解釋現象，也不代表模型中所有的組成元素都是正確的。因此模型定義中含意不清的元素越多，就越難解釋結果，模型的正確性也會越低。

　　像這種利用數學結構來解釋的做法，是在建立模型的過程中挑選可用於假設的經驗及觀察證據，並將邏輯建構出來。因此在建模時使用的假設，必須要經過非常仔細的考慮。不過反過來說，只要能藉由演繹推理獲得解釋，其實模型的準確率就不需要太過講究了 註13（詳細說明請見 11.2 節）。

編註 我們可以透過模型了解車子太多一樣會塞車，但是並不一定能準確預測造成塞車的車子數量。

註11　這種模型通常很難藉由理論上的計算（即利用**解析法**）來進行分析，必須透過數值模擬逐步調整時間來做計算（詳細説明請見 4.2 節）。

註12　此處的數學模型並非以定量重現資料為目的，而是要解釋為何會出現塞車這種定性現象。

註13　意思是説，若模型已能大致重現出資料的行為，就不用太過要求它必須在定量上與資料精確吻合。雖然模型的準確率通常會隨著參數數量的增加而獲得提升，但準確率高也不見得就能增加我們對於目標系統的理解（「**奧卡姆剃刀（Occam's razor）**」是這種概念的最佳詮釋）。此外，模型所使用的運算式及函數，也請盡量在能夠完整保留基本資訊的範圍之內，選擇最簡單的就好。

▌(2) 利用推測出來的參數值來理解目標系統

接下來要介紹的方法，則是以推測出來的參數值來進行分析。以下是一個簡單的範例。

大家都知道人類的工作表現會因為睡眠時間的縮短而大打折扣。因此在接下來的圖 2.4.3 範例當中，我們要分析的就是 A 和 B 這兩位在睡了 8 小時、7 小時、…… 和 0 小時之後的工作表現[註14]。橫軸是與平常相比缺乏睡眠的小時數（以 8 小時減掉實際的睡眠時數）。為了表現資料內容，我們以 X 表示睡眠不足的時數、Y 表示工作表現，並利用以下直線建立出數學模型：

$$Y = aX + b \qquad\qquad (2.4.1)$$

這種模型稱為**線性模型**（linear model），而使用線性模型描述資料的做法則稱為**線性迴歸**（linear regression）[註15]。此模型中的 a 和 b 都是參數，我們可以透過調整參數來進行擬合，使模型能表現資料。

圖 2.4.3 也分別列出了針對 A 和 B 所求出的參數值。讓我們來看看它們代表了什麼意思。

參數 a 是用來表示睡眠不足的時間每增加 1 小時，工作表現會下降多少的**係數**（coefficient）。比較其值可以發現，睡眠時間每減少 1 個小時，A 的工作表現就會下降約 7.1，而 B 則是下降約 3.3。因此我們可以得到「 A 較容易受到睡眠不足影響」的結論。

註14　此為筆者虛構的資料。其中「工作表現」指的是在各種條件都經過適當的定義與測量，且平時表現已被正規化為 100 之後的量。此外，為了不離題，這邊就不另外針對統計學做討論了。

註15　線性一詞之後會再另外解釋（3.1 節）。

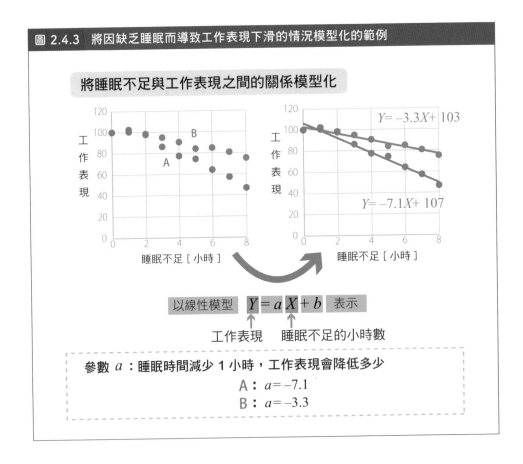

圖 2.4.3　將因缺乏睡眠而導致工作表現下滑的情況模型化的範例

　　由此範例可知，當模型參數的含意和作用都很明確時，推測出來的值就能呈現出資料的一個面向。而以此方式取得的參數值，便能用來解釋我們想要分析的目標系統，或當成其他分析（如統計分析）所使用的資料註16。統計推論（第 6 章）的做法便屬於這種類型。

註16　數學模型的品質將會決定推測出來的參數能包含多少基本資訊。若模型與資料完全不合，則推測出來的參數值也不會具有任何意義。此外，若資料的分散程度較大（本次範例故意未提及此可能性），則必須再以統計觀點審視推測值的可靠性（6.3 節）。

▌(3) 利用推測出來的潛在變數進行後續分析

　　潛在變數指的是模型內部某些會受到輸入資料不同而改變的變數。目前為止，我們所介紹的方法都是在推測出模型後，直接分析模型本身。但現在要介紹的第 3 種方法，則是要**利用推測出來的模型潛在變數來轉換資料，以藉此進行後續的資料分析**。

　　舉例來說，變數較多的資料（稱為**高維資料**）通常都無法光靠查看其值或繪製圖形來理解，因此常見的做法是先將這類資料建立成含有潛在變數的數學模型，再將資料用**低維**的潛在變數來表示（詳細說明請見 8.4 節）。

小編補充　讀者可以這樣思考潛在變數：如果模型裡面有一個變數 Z 跟輸入資料 X 有關，也就是 $f(X) = Z$。此外，模型的輸出 Y 跟變數 Z 有關，也就是 $g(Z) = Y$。此時，我們會稱變數 Z 為潛在變數，而我們的模型則是由 f 及 g 兩個函數所構成，輸入跟輸出的關係即為 $g(f(X)) = Y$。實務上較有名的範例為神經網路中，每一個隱藏層的輸出，都可以算是潛在變數。

要特別注意的是，模型的參數通常不算是潛在變數，因為當我們訓練好一個模型後，參數是不會因為輸入資料不同而改變。然而，即便是一個訓練好的模型，模型的潛在變數還是會隨著輸入資料而改變。

　　光是這樣寫可能有點難懂，直接來看看具體實例吧！

　　首先，為了說明「含有潛在變數的模型」到底是什麼意思，我們要先介紹一種名為**混合模型**（mixture model）的機率模型[註17]。

註17　機率模型之後還會另做介紹（5.1 節），此處只要先理解「機率模型 = 描述某事發生機率之模型」即可。若覺得這個解釋太抽象，可以想像成透過不斷擲骰子並記錄出現某個點數的機率，來得知骰子是否公平（每個點數出現的機率都一樣）的模型。

首先，我們定義 k 個機率模組[註18]，每一個機率模組都含有一個數學結構，其數學結構即為一個機率分布，此機率分布會列出目標系統發生某一個事件的機率。接著，我們把這 k 個機率模組全部蒐集起來，即為一個混合模型。

混合模型中的 k 即為潛在變數，這個潛在變數可以用來顯示資料是由哪一個模組所生成。若 k = 1，即表示資料是從第 1 個模組生成；k = 2 則是從第 2 個模組生成。

最後，我們可以將 k 值定義成系統狀態，因此這種模型又稱為**狀態空間模型**（state space model）[註19]。狀態空間模型便是將目標系統想像成 k 個狀態，並且根據模型中的狀態來得到輸出。接下來我們要介紹的就是一個實際使用混合模型來描繪、分析人類大腦狀態的範例（圖 2.4.4）！

目前人類大腦的研究，通常都是將大腦拆解為多個不同區域共同運作。為了分析大腦各區域間的合作狀況，我們假設已經取得大腦某 10 個區域活動的[註20]**時間序列**（time series）資料[註21]。如果要同時分析這 10 個區域，就必須處理 10 個變數的時間序列[註22]，再加上每個變數值都是

註18　請注意，此處的「模組」一詞僅為方便說明使用，並非正式術語。

註19　「狀態空間模型」其實是種非常廣泛的概念，許多出乎意料的模型都包括在內。詳細說明請見 7.3 節。

註20　嚴格來說，是測量由大腦活動引起的某種量的結果。本範例分析的是利用功能性磁振造影（functional Magnetic Resonance Imaging，fMRI）測量大腦血流變化所取得的訊號資料。

註21　時間序列是指在一段時間之內，規律測量某種量之變化情形所獲得的觀察值。這類資料的處理方式會在第 7 章中做介紹。

註22　這種類型的問題非常難處理，許多解決方法也還在開發當中。而目前為了避開這種問題，主要採取的策略是「一次只取 2 個區域，分別查看它們之間的相關性」。

實數[註23]，可能的結果是：同時考慮 10 個實數變數之間的關係，問題太複雜以致於無法分析。

若是使用狀態空間模型來分析這個問題，就是想像每一個時刻的大腦，都處於某幾種狀態中的其中一種，並根據該狀態之機率分佈來生成資料。假設大腦活動只有 5 個狀態，我們可以根據已取得的 10 個時間序列資料，來推得狀態空間模型中這 5 個機率模組的參數。之後只要看這 5 個機率模組，哪一個模組產生某一時刻的 10 筆大腦區域資料的機率最大，便可推測出大腦在各時刻裡，分別是處於狀態 1 到 5 的哪一個[註24]。如此一來，原本是高維連續值的資料，就可用一維且離散的潛在變數來表示（圖 2.4.4）。

透過這種方式讓資料變得易於處理之後，便可再藉由進一步的分析得知許多事情。舉例來說，只要測量資料在狀態之間的轉換（移動）頻率，即可對其動態[註25]進行定量評估。最近就有研究試圖以這種方式從大腦活動的動態來解釋其運作機制。

像這種數學模型，因為已經將人類難以理解的部分都歸納在數學結構當中了，因此只要使用得當，就能取得人類較能理解的低維度資料。

註23 擁有實數值的變數稱為**連續變數**（continuous variable），其可能值（possible value）有無限多種（不可數）。**離散變數**（discrete variable）則相反，指的是可以用 1、2、3 的方式數出來，通常個數有限的東西，但就定義而言，也可以具有無限多種（可數）可能。

註24 為方便説明，此處就不另外介紹模型的具體形式了。對此概念較熟的讀者，可以想像成高斯混合模型（Gaussian mixture model）。此外，隱藏式馬可夫模型（hidden Markov model）也常被用於此目的上。

註25 隨著時間變化之行為稱為動態（dynamics）。

圖 2.4.4　藉由建立數學模型轉換大腦資料之範例

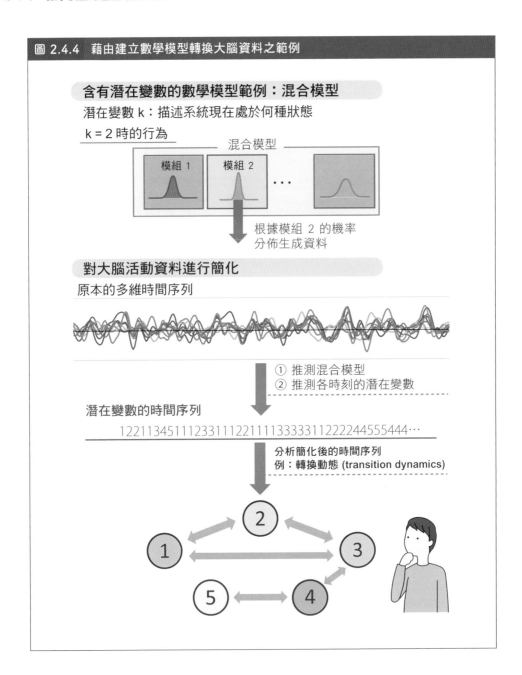

含有潛在變數的數學模型範例：混合模型

潛在變數 k：描述系統現在處於何種狀態

k = 2 時的行為

混合模型

模組 1　　模組 2　　…

根據模組 2 的機率
分佈生成資料

對大腦活動資料進行簡化

原本的多維時間序列

① 推測混合模型
② 推測各時刻的潛在變數

潛在變數的時間序列

12211345111233111221111333331122224455544...

分析簡化後的時間序列
例：轉換動態 (transition dynamics)

(4) 利用修改參數後數學模型的變化，
來模擬目標系統的行為

　　最後要介紹的方法，則是刻意**將與現實情況不符的參數值代入數學模型當中，並模擬代入之後的行為**，以藉此深入了解目標系統。以下同樣會介紹具體實例[註26]，不過模型的細節並不重要，因此讀者若不感興趣的話，可以直接跳過沒有關係。

　　我們這次要討論的是「纖維素酶（cellulase）」。纖維素酶可以分解植物細胞壁的纖維素（cellulose，膳食纖維的一種）[註27]，並製造出纖維二糖的醣類。如果分解的效率良好，我們就可以將植物當成生質酒精等資源加以利用，這也被視為是解決能源問題的一個有力方案。可惜這種酵素分解反應的速率非常緩慢，而且不知為何，即使酵素增加，反應速率也不會有所提升。目前猜測分解反應是依照以下流程進行（圖 2.4.5）。

（1）纖維素酶開始接近纖維素的表面。

（2）纖維素酶的纖維素結合區域 (cellulose building domain) 附著在
　　　纖維素。

（3）用纖維素酶的催化區域 (catalytic domain) 抓住纖維素的分子鏈。

（4）開始分解。

註26　對此模型有興趣深入了解的話，可以參考本書作者這篇論文：T.Ezaki et al., Phys.
　　　Rev. Lett.122, 098102（2019）。

註27　纖維素的分子之間會以氫鍵形成結晶結構，因此非常堅硬，化學性質也非常穩
　　　定而不易分解。這也是為什麼我們會需要研究利用酵素來分解的做法。

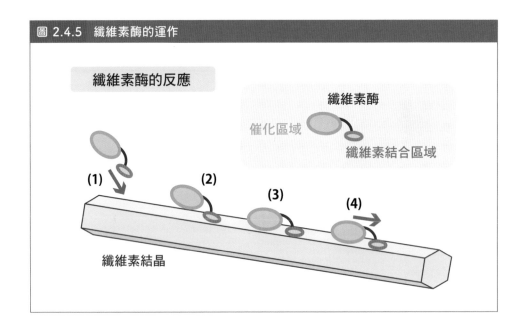

圖 2.4.5　纖維素酶的運作

纖維素酶的反應

催化區域　　　　　　　　纖維素酶

纖維素結合區域

(1)　　　(2)　　　(3)　　　(4)

纖維素結晶

　　有趣的是，在只有一個纖維素酶的情況之下，分解速率其實是非常快的，但在聚集了大量纖維素酶之後，整體的反應速率就會急劇下降到原本速率的百分之一。這種微觀與巨觀的反應速率差異，究竟是從何而來的呢？

　　當我們想了解這種集體現象時，數學模型就派上用場了！

　　由於最近的研究結果已經可以詳細描述出單一纖維素酶的運作方式了，因此我們這次介紹的模型是採取與自然塞車範例相同的做法，先將各個纖維素酶的動作建模，再讓許多纖維素酶同時一起動作（圖 2.4.6 的上半段）。其中參數值在一定程度上可根據實驗的測量結果自動決定。

圖 2.4.6　將纖維素酶的運作模型化的範例

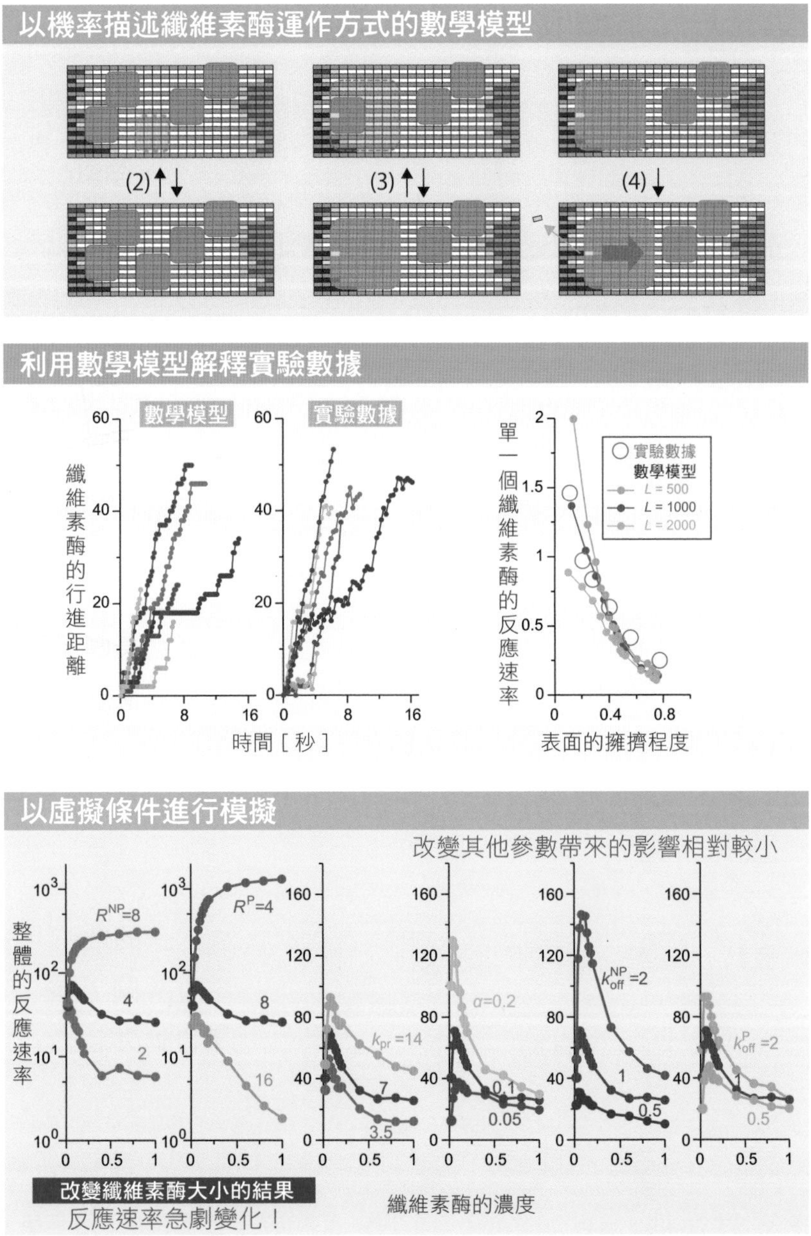
以機率描述纖維素酶運作方式的數學模型
(2)
(3)
(4)
利用數學模型解釋實驗數據
數學模型
實驗數據
纖維素酶的行進距離
時間 [秒]
單一個纖維素酶的反應速率
實驗數據
數學模型
L = 500
L = 1000
L = 2000
表面的擁擠程度
以虛擬條件進行模擬
改變其他參數帶來的影響相對較小
整體的反應速率
R^NP=8
R^P=4
kpr =14
α=0.2
k^NP_off =2
k^P_off =2
改變纖維素酶大小的結果
反應速率急劇變化！
纖維素酶的濃度

　　由於該模型所計算出的分解速率顯示它能透過定量方式重現出反應速率明顯下降的情形（圖 2.4.6 的中段），因此根據邏輯，我們可以判定此模型已經捕捉到了目標系統於該現象時的基本機制[註28]。

　　那麼接下來要進入正題了！雖然說已經可以重現出想要分析的現象，但我們還是不了解為什麼會產生這種現象。而且此模型中的許多參數，如纖維素酶的移動速度、吸附到纖維素上的速度以及纖維素酶各個區域的大小等，都可以透過實際測量纖維素酶來取得數值，因此幾乎都是固定的。但如果改變這些參數值，會出現什麼變化呢？我們可以利用這個模型來實驗看看！

　　以此範例來說，我們會發現只要改變纖維素酶各個區域的大小，就能顯著提升分解反應的速率（圖 2.4.6 的下半段）。反過來說，真正的纖維素酶的反應速率之所以會如此緩慢，原因應該是出在纖維素酶各個區域的大小上。因此本範例所引用的研究報告也以此論點為基礎，提出纖維素酶越多效率反而下降的原因應為酵素之間的互相干擾導致反應遲遲無法開始。

　　由此可知，只要擁有可信度夠高的模型，便可藉由研究模型在代入虛擬參數值之後的行為，來了解目標系統在現實中的運作機制。

註28　其實這一點也常被批評：「也只是剛好結果一致」。不過這項研究為了盡量提升說服力，已經確認過此模型可以從各種角度多次重現出目標系統所產生之現象了。

2.5　應用導向建模

▌利用數學模型的資料生成能力

　　應用導向建模的目標是應用數學模型所輸出的資料（圖 2.5.1）[註29]。其應用方式大致上可分為 2 種類型，**預測**（prediction）及**生成**（generation）。

　　「預測」是指模型對與建模時不同的輸入資料，猜測其對應的輸出。比如說氣象預報就是一種預測，從顧客資訊中推測出他們有可能感興趣的商品並向其推薦，也是一種預測。

　　另一方面，**「生成」則是輸出與建立數學模型時使用的資料類似（但不完全相同）的資料。**它可以用在如機器翻譯及照片的加工處理等。

　　接下來，讓我們進一步了解這些應用方式吧！

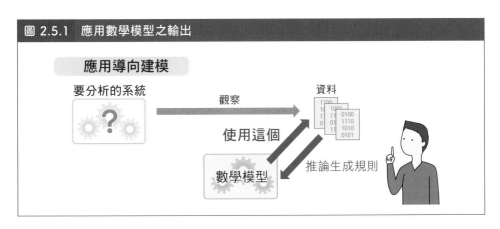

圖 2.5.1　應用數學模型之輸出

應用導向建模

要分析的系統　　　　觀察　　　　　　資料

？

使用這個

數學模型　　　　推論生成規則

註29　或許有些讀者會覺得有點困惑，如果數學模型的定義是「變數 ＋ 數學結構 ＋ 參數」的話，那「輸出」應該是算在其中的哪一項呢？其實「輸出」就是將數學模型中的某些變數命名為輸出變數，再由人類取得其值。同理，「輸入」就是將某些變數命名為輸入變數，再由人類指定其值。本書的觀點是將模型與人類之間的資料交換與數學模型的定義，視為兩種不同層次的問題。

預測模型範例 1：數值預測（迴歸）

首先我們來回想上一節提到的睡眠時間與工作表現的例子。在該範例中，A 的工作表現（Y）與睡眠不足的小時數（X）的關係為：

$$Y = -7.1X + 107 \qquad\qquad (2.5.1)$$

當初在建立這個運算式時，我們使用的資料是以 1 小時為單位的睡眠不足時間數，即 X = 0、1、2、…、8。但我們現在要做的是利用這個運算式來預測 X = 4.5 時的工作表現。這其實很簡單，只要把 X = 4.5 代入運算式（2.5.1），就能推測出 Y = 75.05 了（圖 2.5.2）。

而這也說明了**只要模型與資料的擬合程度良好，就可以當成一種預測的工具**。

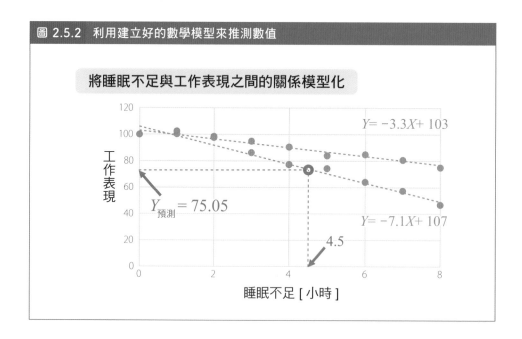

圖 2.5.2 利用建立好的數學模型來推測數值

雖然這只是個非常簡單的例子，但我們可以利用這個範例來思考為什麼模型可以做出合理的預測。我們要預測的 X = 4.5 的附近，有兩個模型看過的資料點 X = 4 與 X = 5，而且兩點之間的變化也相當平緩。

通常我們在測量自然界中的事物時，得到的都會是連續變化的量。也就是說，如果以極其細微的幅度一點一點慢慢改變條件的話，其實並不會突然出現非常顯著的變化 註30。因此在這樣的假設之下，只要資料之間的間隔夠近，就可以預期會出現相當類似的值。而像這樣推測位於 2 個觀測資料點之間之值的做法，稱為**內插**（interpolation）。

我們現在已經知道這個模型是有用的了，但它在所有情況下都能適用嗎？比如說，當 X = -4 的時候會得到什麼結果呢？這時候睡眠不足的小時數為負數，表示睡眠時間比平常還要長，為（8 + 4 =）12 小時。如果直接代入運算式，將可得到工作表現之值為 Y = 135.4，表示工作表現會比平常提升 30% 以上！換句話說，這個模型是在告訴我們：睡得越多越好！

這很明顯已經脫離現實了吧！但為什麼會出現這種狀況呢？

因為我們這次要預測的區域，在當初建立數學模型時並沒有任何資料存在。此時模型做出預測所用的方法稱為**外推**（extrapolation）。通常外推的預測準確率會不如內插。雖然準確率的差異在這種簡單的範例中可以容易看得出來，但當模型越來越複雜，變數數量也越來越多時，要分辨出來就變成是件難事了。

註30 當然也有例外（編註：像是循環神經網路（Recurrent Neural Network）的架構中，有時會出現參數只改變一點點，損失函數就變化非常劇烈，因此才出現 Gradient Clipping 的技術）。

預測模型範例 2：分類問題

接下來要介紹的預測範例是**分類**（classication）。這類問題的目標是回答出給定的資料屬於哪一種類別（class）。它所包含的應用類型非常多元，例如從手寫數字或對話聲音中判讀出文字、利用影像進行醫療診斷，或是偵測信用卡盜刷等（詳細說明請見第 8 章）。

分類問題的輸出變數，稱為**標籤**（label）。比如說在辨識手寫數字（一位數）影像的問題當中，從 0 到 9 的數字就是標籤。如果我們可以取得這些影像的標籤，就能建立出一個標籤與輸入資料（此處為手寫數字的影像）互相對應的模型。這種做法稱為**監督式學習**（supervised learning）[註31]，因為資料會告訴模型每張影像各自該被分類到哪一個數字。

不過也有一些分類問題的標籤是無法觀察到的潛在變數。但這種情況下，模型還是可以根據資料的分散方式，將相近的資料分類到同一個類別當中。這種做法稱為**分群**（clustering）[註32]。

而像這樣在標籤未知的情況下進行分類的分析方式，則稱為**非監督式學習**（unsupervised learning）。

註31　此處會將建立數學模型的過程稱為訓練。這是機器學習領域的用法，強調資料驅動的概念，讓人們能夠意識到這個**模型是根據資料建構出來的**。本書會像這樣依照各領域的習慣，適當地區分各種用語的使用時機，也會盡量讓讀者了解其間的差別。

註32　之前介紹的「利用潛在變數將大腦資料簡化為 5 種狀態」的範例，也是分群的一種。由於分群能讓我們將資料的結構看得更加清楚，因此也可用於理解導向建模。

　　其實辨識手寫數字的問題也可以透過非監督式學習來處理（圖 2.5.3），因為數學模型也能學習如何將有類似外觀的影像分為同組，只是由於我們未提供標籤，因此模型不會知道該組影像屬於哪一個數字[註33]。但若輸入一張寫著 6 的新影像到模型當中，模型會知道該影像與其他寫著 6 的影像屬於同一個類別（圖 2.5.3）。此外像是最近用智慧型手機拍攝的照片都會自動根據人臉辨識結果將人物分類到各自的資料夾中，這也是非監督式學習的一個應用。

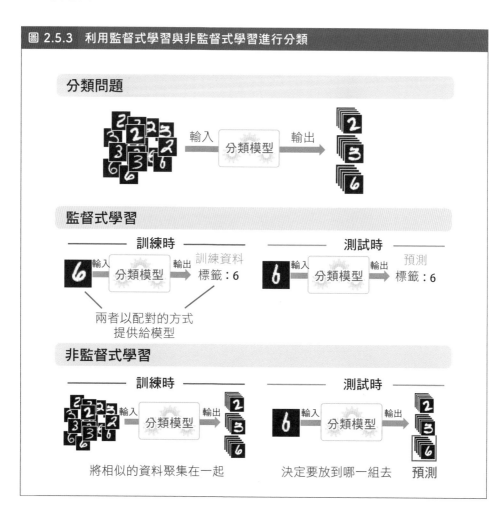

圖 2.5.3　利用監督式學習與非監督式學習進行分類

註33　此處同樣不會深入介紹模型細節。第 8 章將再詳細説明這類問題。

▌利用生成模型的應用方式

著名的拍賣行「佳士得」曾於 2018 年 10 月在美國拍出一件「由 AI 繪製的畫作」，當時是以新台幣約 1,340 萬元的高價售出，一時之間蔚為話題。而該畫作就是由對抗式生成網路（Generative Adversarial Network, GAN）[34] 的**生成模型**（generative model）繪製而成的。生成模型是學習**如何生成**訓練資料 [35]（圖 2.5.4），也就是要模仿資料的製作方式。

以下我們就來介紹幾種生成模型的應用。

生成模型的用途當中，較具代表性的應該是影像相關的應用。這類應用的範圍相當廣泛，除了可以用人物照片與動畫角色的資料集，生成原先不存在的高解析度影像之外，還可以將照片轉換成插畫風格的畫像，或是為黑白影像著色等等。此外，生成模型也可以當成解碼器，比如說從大腦的活動資料當中，推測出使用者當下所看到的影像。

除此之外，它也能應用於自然語言處理的領域當中。除了自動翻譯之外，還能夠產生對話、生成具有組織性的文章，或是利用畫作或影片的資訊，生成一段可說明其內容的摘要。

註34　詳細說明請見 8.5 節。

註35　以這幅「由 AI 繪製的畫作」來説，該模型的訓練資料是 14 世紀到 20 世紀之間繪製的 15,000 幅肖像畫。

圖 2.5.4 利用生成模型產生資料 註36

利用生成模型產生資料

學習時　　　　　　　　　生成時

生成模型　　　　　　分類模型

生成虛構的人物影像

註36 此處使用的影像是自「This person does not exist」
　　 網站（https://thispersondoesnotexist.com/）取得，皆為 GAN 隨機生成的影像。

2.6　數學模型的限制與適用範圍

▍「正確的」數學模型？

　　雖然目前為止，我們一直都在介紹「數學模型可以做到哪些事情」，也舉了好幾個實例來輔助說明，但**數學模型當然不是萬能的！**

　　數學模型是以假定的數學結構去描述資料。因此**無論有多貼切，數學模型都只是目標系統之現象的近似描述**。即便是已經確立的物理學理論也是如此。我們之所以使用數學模型，只是因為它是最適合達成目標（協助理解或實用性能良好等）的工具，而**不是因為它是「正確的」，這點請務必謹記在心**。無論是經歷多少檢視才確立的模型，一旦發現了更好的模型，就必須被替換掉。但話雖如此，我們在建立數學模型時，還是很容易誤認為它是正確的，甚至有時候還會下意識地**將現實資料誤認為是由模型所生成**。這是一種常見的誤解，甚至還有個專屬名詞叫做「雕像戀」（pygmalionism）。

　　而我們在研究問題時，也常會在建立出數學模型之後，就有一種任務完成的錯覺，但實際上數學模型本身並不會幫我們完成任何事情。有時候在研究領域中也會看到一些主旨為「我做出一個可以模擬某某行為的數學模型了」的研究報告。但光是建立一個可以模擬複雜研究對象的模型，**也只是讓複雜的研究對象再增加 1 個而已，無助於解決任何問題**。重點應該是我們**要利用這個模型來做到什麼樣的事情**。就像之前所說的，模型的建立方式會因為目標的不同（理解或應用）而有很大的差異。未先設定目標就建立出來的數學模型是不會產生任何貢獻的。

▌一個好的數學模型也不一定永遠是正確的

接下來，假設我們已經確實根據目標建立出一個可以將資料描述得非常貼切的模型了。但是在正式使用這個模型進行任何分析或應用之前，還有一件事情必須記住，模型在使用時其實都隱含了一種假設：「**用於說明或應用時的狀況，應該與取得資料時的狀況相同**」。

比如說，若是與自然界定律有關的數學模型，應該就能假設它在地球上任何一個地方（只要不是極端環境）的適用性都差不多。但一般來說，使用模型時（例如根據過去的資料預測未來）的狀況，並不見得都能符合上述前提。

還有一點要注意的事情，之前也曾經稍微提過，**一旦數學模型的使用範圍超出了當初建模時使用的資料範圍，該模型的準確率就會失去保障**。而且就如之前工作表現的例子，當變數不多時，我們還能輕鬆察覺到這種狀況，但實際上遇到多變數問題時，這通常就會是一個盲點。比如說在招募員工或入學審查的過程當中，有些優秀人才是否適任可能會因為模型的訓練資料中，未包含到類似於他們過於突出的才能而產生誤判。此外，類似問題應該也會出現在一些極端的例外當中，如史無前例的大災難、金融危機或氣候異常等。因此，我們在使用數學模型時，應該要針對其適用範圍及面對風險的強健性進行正確的評估，尤其是當判斷結果可能會造成非常大的損失時，更是必須小心謹慎。

第 2 章小結

- 數學模型是以數學方法將受關注的變數之間的關係表現出來的一種元素。

- 變數間的關係是由構成模型骨架的數學結構與規範模型活動範圍的參數所決定。

- 數學模型可根據使用目的分為理解導向建模及應用導向建模。

- 數學模型並非萬能。若目的與適用範圍有誤，則不僅毫無助益，還可能導致錯誤結論。

第一篇 摘要

第一篇介紹了數學模型可以做到的事情、分析的目標、分析的方法、和重要注意事項。同時也說明了模型的適用範圍與性能表現，會因為使用的數學結構而有相當大的差異。

接下來的第二篇將會介紹在各類模型的數學結構中的骨架。過程中提到的數學基礎，皆為決定模型適用範圍的重要因素。雖然關於運算式的說明內容會稍微增加，但只要能以模型整體的觀點去思考，就能更深入的了解。

第二篇

基礎數學模型

第二篇會講解有關數學模型中幾個重要的基本概念，如函數的擬合、微分方程式、隨機過程以及統計分析等。這些基本概念不只能夠單獨作為模型使用，也是第三篇當中複雜模型的基礎知識。因此只要確實了解第二篇的內容，應該就能理解大部分數學模型的定義了。此外，一些講解資料分析時通常不會提到的內容，如最佳化、控制理論及系統的穩定性等，我們也都會做個簡單的說明。

第 3 章

由簡單方程式建構
而成之模型

為了打好數學模型的基礎，接下來我們會解說一
些數學結構以及相關數學知識。首先在第 3 章中
要介紹的是只使用少數幾個方程式來描述變數間
關係的數學模型。這種模型的優點是可以利用解
析法來進行分析，也可藉由適當地設定幾個變數
之值來控制另一個變數值。

3.1　線性模型（Linear Model）

▋ 以等式表現變數之間的關係

首先要介紹的數學模型，其數學結構只含一個方程式。這種形式的模型在數學上的處理較為簡單，因此經常用於分析變數之間的關係或影響程度。雖然架構較為單純，但我們同樣能藉由這些模型推導出極具意義的觀點。

▋ 線性模型

數學模型中最簡單的就是只以加法、減法、及變數與常數的乘積，來表示變數之間的關係的模型。這種模型稱為**線性模型**（linear model）。相反地，若模型中包含了變數之間的乘、除或三角函數與指數函數等無法單純以加法表示的項，則稱為**非線性**（nonlinear）模型。最簡單的線性模型是只有 2 個變數的模型，我們之前也曾經在範例中使用過幾次。

$$Y = aX + b \qquad\qquad (3.1.1)$$

上式中的 X 和 Y 為變數，a 和 b 則為參數。

如果在此式中增加幾個變數，會發生什麼事呢？延續前一章的範例，假設我們現在想要在建立模型時，加入體脂肪率等其他因素來表現一個人的體重。我們可以對每一個因素給予一個解釋變數，如 X_1、X_2、$\cdots$、X_n，來表現目標變數 Y，其中 X_1 代表身高、X_2 則代表體脂肪率等。

如此一來，方程式的形式將如下所示：

$$Y = a_1 X_1 + a_2 X_2 + \cdots + a_n X_n + b \qquad (3.1.2)$$

其中每一個變數都會搭配一個決定其影響力的參數 a。

建立線性模型

那麼，我們又該如何決定這個模型的參數值呢？

首先假設我們已經取得了某些人的體重、身高及其他解釋變數（編註：就是特徵）的資料，並希望將這些資料模型化。我們先挑其中一筆資料來看看，比如說是 A 的資料。從資料中，我們可以看到 A 的體重為 y（kg）、身高為 x_1（m），體脂肪率則為 x_2（%）等[註1]。由於此時所有模型的參數值都尚未決定，所以可以先隨意代入。這邊為了方便說明，我們將參數全部都設為 1。如此一來，模型預測體重時的計算方式將如下所示：

$$y_{預測} = x_1 + x_2 + \cdots + x_n + 1 \qquad (3.1.3)$$

以這種方式計算出來的結果，當然會與 A 的實際體重 y 完全不同，但我們就是要從這種狀態開始調整參數值，使模型的預測值能夠更接近實際值（圖 3.1.1）。然而我們想要建立的模型不只要能表示 A 這個人的資料，還要能夠充分說明所有人的資料。因此比較好的做法應該是考慮所有資料來決定模型參數，使模型的預測值與實際值差異最小。

[註1] 此處以小寫字母 x_1、x_2、$\cdots$、x_n、y 來表示實際資料之值。各值分別對應到的變數以大寫字母來表示（例：A 的 Y 值為 y，X_1 值為 x_1）。

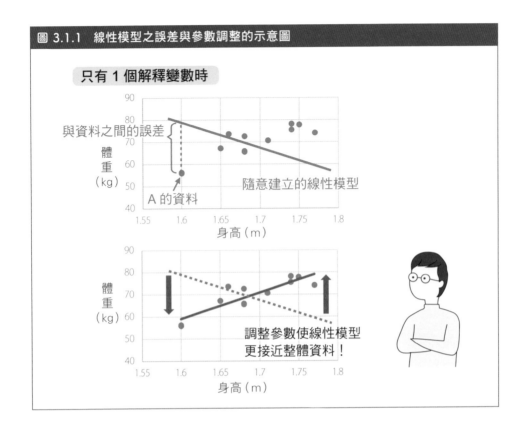

圖 3.1.1 線性模型之誤差與參數調整的示意圖

只有 1 個解釋變數時

與資料之間的誤差
A 的資料
隨意建立的線性模型

調整參數使線性模型
更接近整體資料！

▌ 最小平方法

為了要讓模型可以充分說明所有資料，我們可以先觀察每一個資料點的「模型預測值」與「實際值」之間的差。當資料量較大時，「平均」可以用來掌握整體資料的誤差，也就是資料的平均誤差 [註2]。但一般計算平均的做法會使誤差為正之資料點與誤差為負之資料點相互抵消，使我們無法確實掌握到整體誤差。因此會改為使用**先取誤差之平方再求其平均值的函數**（圖 3.1.2）。

註2 真正的迴歸方程式（編註：資料真正的數值，通常無法得到，因為量測的時候會引入部分誤差）與資料觀測值之間的差，稱為**誤差**（error）；藉由數學模型得到的迴歸方程式與資料觀測值之間的差，則稱為**殘差**（residual）。這兩種術語的定義是不同的，但此處所使用的誤差只帶有一般日常用語的含意。

　　此函數中的 X 和 Y 都是實際的資料（也就是已知的數字），因此函數中能調整的只有模型的參數。我們所要做的就是調整這些參數使函數的輸出最小化，而最佳的參數值只需要簡單的計算即可獲得（圖 3.1.2）。由於此計算式中的每個誤差都是取平方，因此不管參數的數量有多少，都有方法可以計算[註3]。這種將誤差平方最小化的方法，稱為**最小平方法**（least squares method）。最小平方法是尋找數學模型最佳參數的重要概念，本書中也會一再使用到（第 13 章將進行詳細的介紹）。

　　建立像（3.1.2）這種多變數線性模型的方法，稱為**多元迴歸**（multiple regression）。多元迴歸模型同樣可藉由最小平方法求出參數值。

註3　若有某個解釋變數（編註：特徵）一直都與另一個解釋變數具有相似的值，或有某個解釋變數可由其他解釋變數的線性組合來表示，則稱此情形為**多重共線性**（multicollinearity）。此時，目標變數（編註：標籤）將可由其中任何一個解釋變數、或適當混合多個解釋變數來表示。此時我們要求取的參數值會有無數的可能性，而這種計算上的不確定性將會導致模型不穩定。因此為避免這種情況發生，事先刪除這類變數是非常重要的。VIF（變異數膨脹因子，variational ination factor）就是用來判斷是否發生多元共線性的一個指標（編註：許多文獻稱VIF為 variance inflation factor，兩者是一樣的技術）。

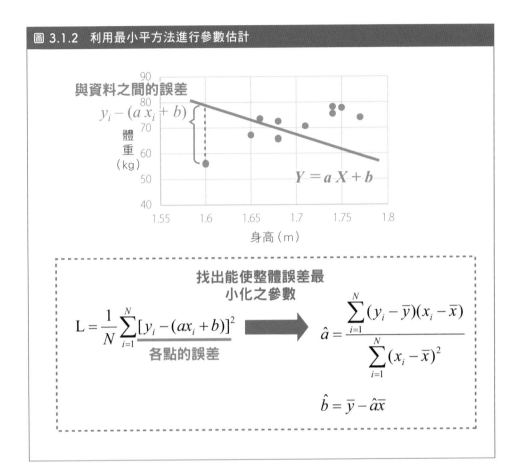

圖 3.1.2　利用最小平方法進行參數估計

3.2 實驗公式與曲線擬合

▍BMI 與數學模型

由身高和體重計算出來的 BMI（body mass index，身體質量指數）值，是一種廣泛用於衡量人體胖瘦的指標。其計算方式是以體重（以公斤為單位）除以身高（以公尺為單位）的平方。這種算法乍看之下似乎有點奇怪，我們要怎麼知道它是合理的呢？

其實只要實際取得並研究過各種人的身高和體重之後，就會發現以成人平均來說，下式是成立的 [註4]：

$$體重(公斤) = (常數) \times 身高^2(公尺^2) \qquad (3.2.1)$$

其中常數的數值不太會隨著身高不同而改變 [註5]，因此即使身高不同，也可以適用同樣的判斷基準。

▍利用冪次法則（Power Law）描述特徵

像這樣有一個變數與另一個變數的冪次方成正比的關係（在運算式中會以 $Y \propto X^\alpha$ 表示），稱為**冪次法則**（power law）或**規模法則**（scaling law）。

註4 雖然上一個範例是以身高的一次函數來表示體重，但我們不能說它就是錯的。因為要選擇哪一種模型，應取決於其目的。這一點將會在第四篇詳細說明。

註5 實際上，由於這種 BMI 的定義會使身高較高的人更容易被判定為肥胖，因此目前已有人提出一種改良版的指標，稱為新 BMI（New BMI）。若對自己的 BMI 值感到不甚滿意，不妨使用新的指標計算看看！

有時候我們只要分析「次方數」，就能理解目標系統的本質。以 BMI 的例子來說，假設人體體積完全只與身高的冪次方成正比，則體積（≒ 體重）應該與身高的 3 次方成正比。但實際上 2 次方反而較能合理地解釋資料，這就代表我們在分析生物體積時，一定還有其他被忽略掉的因素[註6]。

▌透過變數的對數值作為座標軸尋找冪次法則

為了找出這種冪次法則，我們可以將目前關注的 2 個變數資料繪製在雙對數坐標圖中。雙對數坐標圖是將 2 個變數之值先取對數（log）再繪製出來的圖（圖 3.2.1）。這種做法可使原本為 $Y = aX^\alpha$ 形式的運算式轉變成以下形式：

$$\log Y = \log a + \alpha \log X \tag{3.2.2}$$

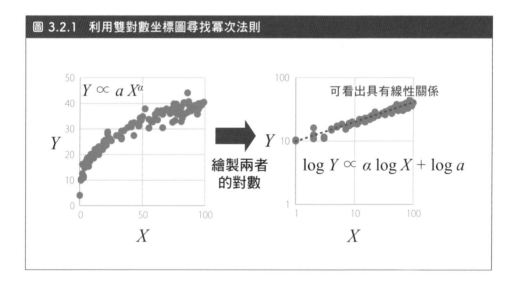

圖 3.2.1　利用雙對數坐標圖尋找冪次法則

$Y \propto a X^\alpha$

可看出具有線性關係

繪製兩者的對數

$\log Y \propto \alpha \log X + \log a$

註6　順帶一提，胎兒的發育階段似乎比較適用 3 次方的規則。

如此一來，只要將 logY 與 logX 之值繪製出來，便可藉由直線的斜率求出 α 了。但若繪製此圖時發現資料無法沿著直線排列，那就無法利用這種方式來進行分析了。此時可以考慮改為繪製半對數圖（只取其中一個變數的對數），有些時候我們也可以藉此發現兩個變數之間呈現某種指數或對數的關係。

此外還有一點要提醒的是，在討論「某事是否符合冪次法則」時，必須要確保資料數量及變數範圍是足夠的，否則通常會導出錯誤的結論。

實驗公式

目前為止我們的範例都是較易解釋的現象、數學模型本身的形式也較為單純。但實際上當資料行為並非如此單純時，我們會需要使用更適合描述資料，但也更為複雜的數學模型，以便了解目標系統的現象[註7]或控制目標系統。這類型的數學模型稱為**實驗公式**（experimental formula）或**經驗公式**（empirical formula）。使用這種方法的前提必須是資料的分散程度不大，且假設出來的數學模型運算式要能準確地描述資料。

要找到這種實驗公式，就必須先從資料的外觀來決定該使用哪一種數學結構（運算式）。一般較常用到的是多項式和指數函數，但也不限於只有這些選擇。數學模型的數學結構（運算式）決定之後，接著再設定模型中的參數值。這個步驟和之前線性模型的範例一樣，我們可以透過計算來使資料與數學模型的輸出之間的誤差降到最低，而現在有許多軟體和免費的函式庫（Python，R 等）可以使用。

註7　歷史上有個非常有名的例子：普朗克定律。普朗克當初在發表實驗公式時，其實只是說「如果公式是長這個樣子的話，就能精確符合黑體輻射光譜的實驗數據了」。而實際上該公式的確是掌握到了資料的本質，也為之後量子力學的發展做出了重大的貢獻。

3.3 最佳化問題（Optimization Problem）

▋希望能控制某個變數的量

接下來，假設我們在現實中有個想要控制的變數，而且能用其他可自由調整的變數來表示想要控制的變數，換句話說，我們在分析資料時經常會碰到這種想藉由可自由調整之變數值來最小化或最大化某個變數的情形，這類問題稱為**最佳化問題**（optimization problem）。目前已有許多方法可以用來解決各種不同的最佳化問題了，不過由於本書的重點是數學模型，因此我們的目標只會設定在讓各位能夠掌握到其概要[註8]。我們可以先從以下這個簡單的範例開始！

現在有一座生產商品 A 的工廠，我們想要分析每生產一個商品 A 會需要多少成本。已知若工廠的生產量過低，每個產品的成本會因為需要分攤更多設備維護費而增加；但若生產量過高，則會因為超過工廠的生產能力而導致效率降低[註9]。當遇到這種情況時，我們該生產多少產品來獲得最低生產成本呢？

假設此情形在經過模型化後，每個商品 A 的生產成本 C（元）與單日生產量 P（個）的關係如下：

$$C = \frac{2000}{P^{0.3}} + 0.05P^2 + 500 \qquad\qquad (3.3.1)$$

註8　想針對最佳化的實際應用進行深入了解的讀者，可參考此書：藤克樹、梅谷俊治「用に役立つ50の最適化問題」（朝倉書店）。

註9　此處是假設我們可以不用考慮所有其他的因素。但一般工廠內的實際情形都極為複雜，要進行最佳化是非常困難的。

　　現在的問題是想要調整生產量 P 來最小化 C，這稱為**目標函數**（objective function）為 C 的**最小化問題**（minimization problem）。解這個問題的方式非常簡單，由於該目標函數為最小值時，在 P 改變量非常微小的條件下 C 的改變量幾乎是 0，因此我們可以利用一階微分為 0 來求解（編註：換個方式想，微分是要找函數的斜率，當函數某一點的微分值是 0，代表此函數在這個點的斜率是 0。而函數最大值或最小值的點，其斜率也是 0。因此我們可以透過一階微分為 0 來找函數最大值或最小值的點）。計算後可得到最佳值 P 約為 44（個）（圖 3.3.1）註 10。

　　由此可知，只要能將希望控制的變數以數學式精確地描述出來，便能透過微分計算來求出最小值的所在位置。這道理就算變數的數量增加，也同樣適用。

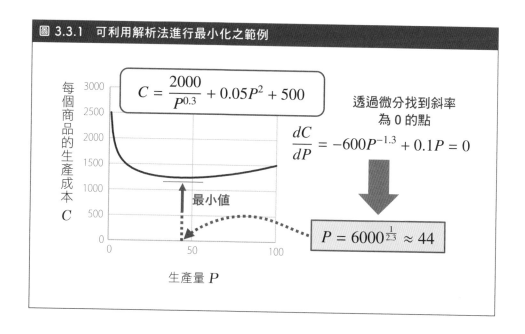

圖 3.3.1　可利用解析法進行最小化之範例

$$C = \frac{2000}{P^{0.3}} + 0.05P^2 + 500$$

透過微分找到斜率為 0 的點

$$\frac{dC}{dP} = -600P^{-1.3} + 0.1P = 0$$

每個商品的生產成本 C

最小值

生產量 P

$$P = 6000^{\frac{1}{2.3}} \approx 44$$

註10　其實如果是像本次範例一樣只有 1 個變數的話，只要將圖形畫出來就一目瞭然了，並不需要進行這樣的計算。但像這樣**尋找一階微分後等於 0 的點**的做法，接下來在本書中還會一再出現，因此我們先透過這次的機會來介紹。

全域最佳解（Global Optimal Solution）與
局部最佳解（Local Optimal Solution）

　　在剛才工廠的範例當中，我們只要找到一階微分為 0 的點，即可獲得最佳解答（**最佳解**，optimal solution）。但要是目標函數有多個區域最小值（編註：可以想像目標函數有很多小波谷，而非像凹口向上的二次函數只有一個波谷），則單憑這項條件將會得到多個有可能為最佳解的選項（圖 3.3.2）。這些波谷的值因為都比它們周圍的點要來得小，因此只看局部時[註11]，會是最佳解答。這叫做**局部最佳解**（local optimal solution）。但最佳化問題想要找的並不是局部最佳解，而是以整體看來擁有最小值的解（**全域最佳解**，global optimal solution）。

　　實務上想要找到全域最佳解並不容易，特別是當最佳化問題越複雜時，找到的希望就越渺茫。比如說，我們有可能會無法對變數微分[註12]，甚至無法得到目標函數的數學式，這種時候就連列出局部最佳解的位置都會

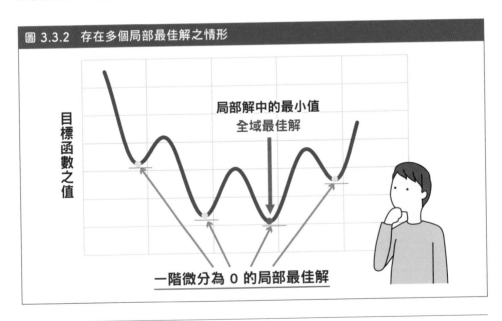

圖 3.3.2　存在多個局部最佳解之情形

目標函數之值

局部解中的最小值
全域最佳解

一階微分為 0 的局部最佳解

註11　我們在口頭上也常會以 local 與 global 來表達局部與全域的意思。

註12　例如當變數是離散值的時候，就無法微分（這種問題稱為離散最佳化問題）。

非常困難。因此在這種情況下，即使是局部最佳解也沒有關係，我們只要盡可能地找出最佳解答即可。而至於在可求得的局部解當中，該如何去選擇一個不會與全域最佳解相差太多的解，則取決問題的難度及我們所使用的演算法[註13]。

參數調整也需進行最佳化

目前為止，我們談論的最佳化問題是要如何調整數學模型的變數以最佳化目標函數（編註：要調整最佳商品　A　的生產量　P　來最小化生產成本），但其實在為數學模型設定適當的參數時也需要進行最佳化。正如本章前半段所述，參數調整的最佳化，等於是在使目標函數裡的實際值（來自資料）與數學模型輸出的預測值之間的誤差最小化。一般來說，模型中參數數量較多，或因應進階的模型而設計複雜的目標函數時，都會增加陷入局部最佳解的風險。這部分將會在第　13　章中詳細說明。

使最佳化變得困難的因素

本書將不會一一介紹最佳化問題或最佳化方法，但我們可以簡單介紹有哪些因素會使最佳化變得較為困難[註14]。

- 變數須滿足的限制條件（變數值的範圍或變數之間的依賴性等）較多
- 變數為離散型
- 需進行與圖形或網路有關之最佳化
- 組合最佳化問題
- 大量變數或離散變數的可能值很多
- 問題中包含不可微分之函數或不連續之函數

註13　將獲得問題解答之計算步驟公式化後的東西，即為演算法（algorithm）。

註14　這些條件之間並不互斥，定義也並不嚴謹。之所以會這樣列舉，主要是方便理解。

含有以上因素的問題，有可能會導致下列情況的發生，而形成尋找最佳解之阻礙。

- 需搜尋的空間過大

- 由於無法微分或無法使用（或使用的效果很差）漸進改變其他變數來尋找解答的方法，而難以找到解答

- 存在過多局部最佳解

但即便是這種類型的問題，有時也可利用商業軟體找出準確率相當高的解（編註：這類軟體通常具有高明或複雜的演算法，因此比較有機會處理這類問題），或先簡化原始問題後再找解。

第 3 章小結

- 利用加法、減法、及變數與常數的乘積，即可描述變數間關係的模型，稱為線性模型。

- 當變數之間的關係可由乘冪來表示時，稱為冪次法則。

- 均方誤差為模型方程式的預測值與實際值之間差值平方的平均值，將此值最小化以決定參數值的方法，稱為最小平方法。

- 控制變數之值以最大化（或最小化）另一個變數值的問題，稱為最佳化問題。

第 4 章

由基本微分方程式建構而成之模型

由於我們經常需要捕捉目標系統隨著時間的變化情形，因此本章將介紹如何使用基本的微分方程式建構模型，以及這類模型的分析分式。雖然各模型的求解方式會依其複雜性與問題結構而有所不同，但我們在說明時將會以能夠涵蓋到多數問題的方法為主。此外，本章內容需要準備書中後半段所需使用到的數學知識與概念，因此運算、推導的內容會較多。

4.1　可求解的微分方程式模型

▌利用微分方程式來表現時間變化

　　當我們想要將目標系統隨著時間的變化情形，從底層開始模型化時，第一個會考慮的做法通常都是以微分方程式來建模。因為如前所述，微分代表的就是「目前關注的變數相對於其他事物的變化率」。本章的重心將會擺在如何利用變數相對於時間的變化率，也就是**以變數隨時間的變化速度，來建立方程式**。我們在利用微分方程式建立數學模型時，一般都會先作出假設，再根據假設將模型建構出來。這種直接描述變數隨時間變化的模型，通常稱為**動態系統**（dynamical system）[註1]。

▌由馬爾薩斯模型（Malthusian Model）觀察生物族群個體數

　　本章從一個經典的範例開始討論：自然界中生物數量（**個體數**，population）的增加方式，該如何透過模型化來分析？假設某種生物的個體數為 N。我們先考慮這種生物因為繁衍子代而個體數增加的情形。此時個體增加的速度可以用個體數對時間變數 t 的微分來表示[註2]：

$$個體數增加速度 = \frac{dN}{dt} \tag{4.1.1}$$

註1　動態系統有時又稱為「力學系統」或「動力系統」。雖然其中含有「力學」二字，但使用範圍並不只限於物理學。

註2　此為速度之定義。或許有些讀者會想說，個體數明明是可以用 1、2、3、… 數出來的離散變數，可以這樣微分嗎？其實在很多情況下，只要整數變數的數量夠大，離散的效果相對於目標現象的規模來說，是可以忽略的（編註：變數數值夠大，且觀察的時間夠久，我們可以直接把變數當成連續可微分函數）。本章關於建模的討論都將以此為前提來進行。

馬爾薩斯 註3 在「人口論」中假設個體增加的速度會與當下的個體數成正比 註4，並提出以下模型：

$$\frac{dN}{dt} = rN \tag{4.1.2}$$

此處的 r 為代表個體繁衍速度之參數。雖然這只是個非常單純的數學模型，但我們就先接受其合理性，來觀察這個模型的行為。我們現在想要知道的是「個體數 N 將如何隨著時間經過而變化」，因此目標是找到 t 的函數，也就是 $N(t)$ 的具體形式。像這樣尋找可滿足微分方程式之函數（且此函數不含微分或積分的項）的過程，我們稱為**解微分方程式**。

▌馬爾薩斯模型之解的行為

馬爾薩斯模型的解如下 註5：

$$N(t) = N_0 e^{rt} \tag{4.1.3}$$

其中 N_0 為 $t = 0$ 時的個體數。這個解的意思是個體數會如圖 4.1.1 所示，隨著時間經過而呈現爆炸性的增長。

註3　經濟學家托馬斯・羅伯特・馬爾薩斯（Thomas Robert Malthus）。

註4　此處假設個體數越多，其誕下的子代數量就會越多。

註5　將此解代入（4.1.2），可得 $(4.1.2\text{左側}) = (N_0 e^{rt})' = N_0 r e^{rt} = rN(t) = (4.1.2\text{右側})$，表示此解可滿足此微分方程式。其中「'」的意思是對時間微分。

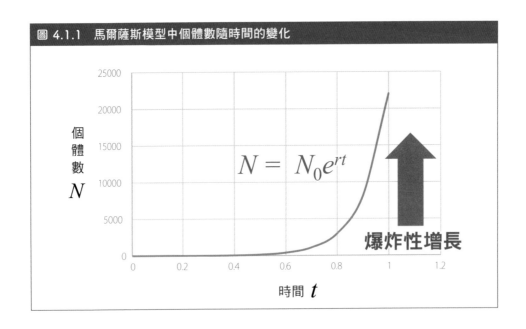

圖 4.1.1　馬爾薩斯模型中個體數隨時間的變化

個體數並不會持續爆炸性增長

如果真的有生物是以此方程式的方式持續增加其個體數的話，應該不用多久地球就會被這種生物擠爆了吧！實際上生物並不是用這種速度在增長的。模型跟現實間之所以會出現這種差異，就是因為建模時使用的假設（至少在個體數變多後的情況之下）並不正確。

其實仔細想想就會發現，就算個體數會增加，但要假設這個生物群體數可以一直使用同樣的速度增加也不太合理吧[註6]！因為在生物繁衍子代的環境當中，資源是有限的[註7]，個體數若增加過頭，就會有另一股使個體數

註6　雖然其中一個原因是未將個體死亡導致個體數下降的情況也包含進去，但即使將這點納入考量，也會被參數 r 吸收，還是無法解決最根本的問題。雖然以單一個體來看，若死亡速度大於誕生速度，可以用 $r < 0$ 表現出該物種將滅絕的情況，但還是無法獲得個體數維持穩定的解。

註7　數學上要表現非無限時，會使用「有限」一詞。

減少的力量出現。而將此效應也包含在模型內的就是**邏輯斯方程式**（logistic equation）。此方程式是假設個體數增長速度會隨著個體數而波動的數學模型，微分方程式如下：

$$\frac{dN}{dt} = r(1 - \frac{N}{K})N \tag{4.1.4}$$

其中參數 K 為環境容量，用來表示該環境內最多可以容納多少個體。此微分方程式的解為：

$$N(t) = \frac{N_0 K e^{rt}}{K - N_0 + N_0 e^{rt}} \tag{4.1.5}$$

此函數稱為**邏輯斯函數**（logistic function）[註8]。目前已知有幾種生物的個體數變化情形吻合邏輯斯方程式（圖4.1.2）。

以上就是針對生物個體的變化情形，從觀察底層現象開始利用假設推導出微分方程式，重現實際生物個體數變化的整個過程。

註8 由於此函數的數學特性很好，又易於使用，因此在各領域中都可見到它的蹤影。本書中便會使用多次，而且使用的都是同一個函數。順帶一提，「邏輯斯」函數是由提出邏輯斯方程式的韋呂勒（P. F. Verhulst）所命名，但為何會如此命名則不得而知。

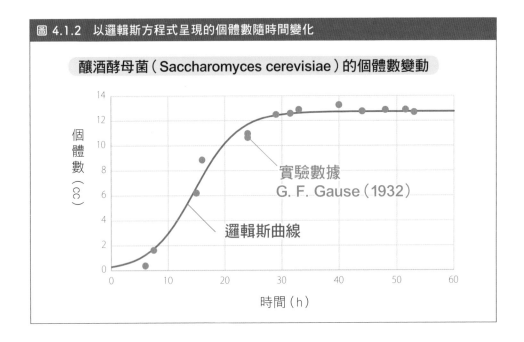

圖 4.1.2　以邏輯斯方程式呈現的個體數隨時間變化

釀酒酵母菌（Saccharomyces cerevisiae）的個體數變動

實驗數據
G. F. Gause（1932）

邏輯斯曲線

個體數（cc）

時間（h）

█ 簡單的聯立線性微分方程式

　　目前為止還是基本介紹，所以我們使用的都是只有 1 個變數的微分方程式。但實際上即使變數較多，也能用類似的方法建立微分方程式模型。只是通常變數增加，就無法跟之前的範例一樣求得數學解析解（編註：之前範例的解都是不含微分項的函數，我們稱為數學解析解。稍後會提到如果無法得到數學解析解，我們可以使用數值模擬的方法來處理微分方程式）。不過有些較單純的情況會是例外，比如說線性聯立微分方程式即使變數較多也一樣可以得到解析解，以下我們會做個簡單的介紹。

　　這一段在本書中算是數學討論較多的部分，但因為其中包含了許多之後還會再重複出現的重要概念，因此我們會講解得比較詳細一點。

2 個聯立微分方程式

我們從簡單的例子開始，以下微分方程式描述 2 個變數 x_1 與 x_2 對時間的變化，並且不含未知的參數：

$$\begin{cases} \dfrac{dx_1}{dt} = -x_1 + 4x_2 \\ \dfrac{dx_2}{dt} = -3x_1 + 6x_2 \end{cases} \qquad (4.1.6)$$

此方程式表示 x_1 和 x_2 對時間的變化是由當下的 x_1 之值（負值如剎車減速）與 x_2 之值（正值如油門加速）所決定的。我們只要將其中一個變數消掉，就可以解開這個聯立方程式，並得到各變數對時間的函數（C_1 與 C_2 是由 x_1 與 x_2 之初始值決定的常數）[註9]：

$$\begin{cases} x_1 = 4C_1e^{2t} + C_2e^{3t} \\ x_2 = 3C_1e^{2t} + C_2e^{3t} \end{cases} \qquad (4.1.7)$$

請注意，此解與之前的馬爾薩斯模型一樣都含有指數函數。

註9　對微分方程式比較不熟的讀者，可以實際將 $x_1 = 4C_1e^{2t} + C_2e^{3t}$ 跟 $x_2 = 3C_1e^{2t} + C_2e^{3t}$ 代入（4.1.6）中看看，應該就能理解了。

一階聯立線性常微分方程式

接下來讓我們以相同的方式將變數數量增加到 n 個，並導入參數。

$$
\begin{cases}
\dfrac{dx_1}{dt} = a_{11}x_1 + a_{12}x_2 + \cdots + a_{1n}x_n \\[2mm]
\dfrac{dx_2}{dt} = a_{21}x_1 + a_{22}x_2 + \cdots + a_{2n}x_n \\[1mm]
\qquad\qquad\qquad \vdots \\[1mm]
\dfrac{dx_n}{dt} = a_{n1}x_1 + a_{n2}x_2 + \cdots + a_{nn}x_n
\end{cases}
\tag{4.1.8}
$$

由於此方程式中的每一個變數都具有同樣的乘積形式，因此我們可以用向量 x 和矩陣 A 將其簡化如下[註10]：

$$
\mathbf{x} = \begin{pmatrix} x_1 \\ x_2 \\ \vdots \\ x_n \end{pmatrix}, \;
A = \begin{pmatrix}
a_{11} & a_{12} & \cdots & a_{1n} \\
a_{21} & a_{22} & \cdots & a_{2n} \\
\vdots & \vdots & \ddots & \vdots \\
a_{n1} & a_{n2} & \cdots & a_{nn}
\end{pmatrix}
\tag{4.1.9}
$$

$$
\frac{d}{dt}\mathbf{x} = A\mathbf{x}
\tag{4.1.10}
$$

註10　第一次見到這種表現方式的讀者，請務必實際計算以確認自己了解它和（4.1.8）是一樣的。（4.1.10）左側為對向量 **x** 各元素作微分。

此方程式可求得解析解，其解的形式會是以 λt 為指數之指數函數的總和（稱為基本解）（圖 4.1.3）。

▍「特徵值（Eigenvalue）」之值可決定解的性質

λ 稱為矩陣 A 的**特徵值**（eigenvalue），是一種純量。若只用非常簡略的講法來說的話，它就是一種可以捕捉到「矩陣 A 與向量相乘後，所得之新向量於此轉換中被縮放的長度比例或旋轉方向（或兩者兼具）」的量。當矩陣 A 的大小為 $n \times n$ 時，A 會有 n 個（包括重複的）特徵值 λ。其中只要有 1 個 λ 實部為正值，λt 就會隨著時間以指數遞增，最後此微分方程式的解就會發散。

反過來說，假設所有 λ 的實部皆為負值，則 λt 就會越來越小，而指數函數之值也會逐漸衰減為 0[註11]。

像這樣探討方程式之解是否會隨著時間的推移而穩定落在一定之值的範圍內，或是否會因發散而失去意義的做法，之後也會繼續在本書的各種主題中出現。

註11　若 λ 的實部為 0，則結果將會依特徵值是否為重根及是否有複數解而有所不同。由於篇幅有限，本書將不會深入探討，但請各位在遇到這種情況時要多加注意。

圖 4.1.3　一階線性聯立常微分方程式之解的概要

一階聯立線性齊次微分方程式

$$\begin{cases} \dfrac{dx_1}{dt} = a_{11}x_1 + a_{12}x_2 + \cdots + a_{1n}x_n \\[2mm] \dfrac{dx_2}{dt} = a_{21}x_1 + a_{22}x_2 + \cdots + a_{2n}x_n \\[2mm] \qquad\qquad\qquad \vdots \\[2mm] \dfrac{dx_n}{dt} = a_{n1}x_1 + a_{n2}x_2 + \cdots + a_{nn}x_n \end{cases}$$

以矩陣表示

$$\frac{d}{dt}\boldsymbol{x} = A\boldsymbol{x}$$

一般解的形式

$\lambda_1, \lambda_2, \lambda_3, \ldots, \lambda_n$：矩陣 A 的特徵值

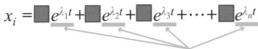

$$x_i = \blacksquare\, e^{\lambda_1 t} + \blacksquare\, e^{\lambda_2 t} + \blacksquare\, e^{\lambda_3 t} + \cdots + \blacksquare\, e^{\lambda_n t}$$

這些每一個都稱為基本解

每一個變數 x_i 都會以基本解之和的形式表現

─ 注意 ─

- 若 n 個特徵值中有幾個是相同的（λ ＝重根），上述基本解就會重複。
  此時請使用以下多項式與指數函數之乘積替換掉重複的基本解：
  $$te^{\lambda t}, \quad t^2 e^{\lambda t}, \quad t^3 e^{\lambda t}, \ldots$$

- λ 也可能會包含複數，此時方程式不需做任何更動也能直接適用。指數中有虛數時，需使用到三角函數。若 $\lambda = a + bi$，則：
  $$e^{(a + bi)t} = e^{at}(\cos(bt) + i\sin(bt))$$

基本解會導致的現象

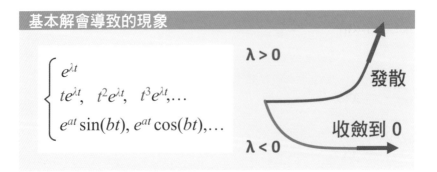

$$\begin{cases} e^{\lambda t} \\[1mm] te^{\lambda t}, \quad t^2 e^{\lambda t}, \quad t^3 e^{\lambda t}, \ldots \\[1mm] e^{at}\sin(bt), \ e^{at}\cos(bt), \ldots \end{cases}$$

$\boldsymbol{\lambda > 0}$　　發散

$\boldsymbol{\lambda < 0}$　　收斂到 0

4.2 非線性微分方程式模型

▋ 含有非線性項的微分方程式模型

一般來說，微分方程式中只要含有變數或其導數之乘積（稱為非線性微分方程式），可能就無法獲得解析解了。但實際在建模時，還是常會碰到必須要以變數或其導數的相乘來表現較複雜的目標系統。因此本節要介紹的是不用解開微分方程式，也能分析其行為的方法。

▋ 洛特卡－沃爾泰拉方程（Lotka-Volterra Equation）

我們在 4.1 節中已經介紹過生物個體繁衍的模型了。但這些數學模型都只有考慮到 1 種生物，因此接下來我們要再更進一步，針對**掠食者與獵物**（predator and prey）這 2 種不同角色的生物，來研究牠們的個體數變動。

各位先思考獅子和斑馬之間的關係。掠食者（獅子）由於是以獵物（斑馬）為食，因此若獵物（斑馬）的數量減少，則獅子的數量也會跟著減少。而若掠食者（獅子）的數量減少，獵物因被捕捉的數量也會跟著減少，因此獵物的數量將會增加。研究這類動態行為（動態系統）的模型中，有一個很有名的模型叫做**洛特卡－沃爾泰拉方程**。

$$\begin{cases} \dfrac{dx}{dt} = x(r - ay) \\[2mm] \dfrac{dy}{dt} = y(-s + bx) \end{cases} \qquad (4.2.1)$$

　　其中　x　為獵物的數量、y　為掠食者的數量，參數　r、a、s、和　b　皆正值。將此模型與　4.1　節介紹的馬爾薩斯模型及邏輯斯方程式相比之後，可以發現它是假設掠食者與獵物的個體增加及減少速度，與對方的個體數量有關（圖 4.2.1）。該聯立方程式中，每一個方程式的右側展開後都有一個　$x \times y$　的非線性項，這為其動態行為增加了複雜性。

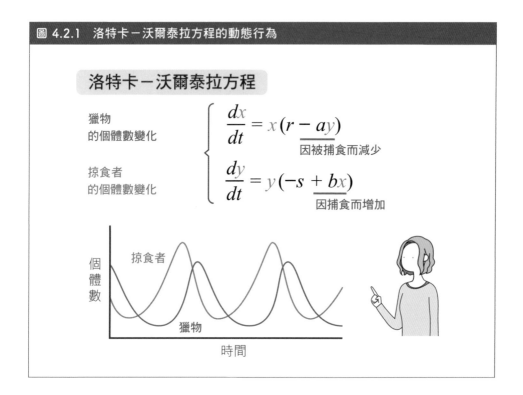

圖 4.2.1　洛特卡－沃爾泰拉方程的動態行為

針對「穩定」狀態進行討論

　　雖然洛特卡–沃爾泰拉方程是一款用來表現變數隨時間變化之動態行為的模型，但當變數值穩定下來不再隨時間變化的狀態（稱為**穩態解**[註12]），也可以提供我們一些有用的資訊。根據定義，此時我們要觀察的狀態是所有變數對時間的變化均為 0，因此我們可以將（4.2.1）的左側皆設為 0，得到以下方程式：

$$\begin{cases} 0 = x(r - ay) \\ 0 = y(-s + bx) \end{cases} \qquad (4.2.2)$$

此聯立方程式不含微分項，其解有以下 2 種：

　　第 1 種狀態很明顯[註13]，就是沒有獵物也沒有掠食者。第 2 種狀態則是獵物自然增加的速度與掠食者捕食獵物的速度相同，且掠食者自然減少的速度也與牠們因捕食到獵物而增加的速度達到了平衡。

$$\begin{cases} x = 0 \\ y = 0 \end{cases} \quad 或 \quad \begin{cases} x = \dfrac{s}{b} \\ y = \dfrac{r}{a} \end{cases} \qquad (4.2.3)。$$

註12　也稱為平衡點（equilibrium）。當我們使用「穩態解」一詞時，想要強調的是它不隨時間變化之特性；使用「平衡點」時，則是想表達驅動目標系統之力量已達到平衡。除此之外，有時也會使用「固定點」（fixed point）來稱呼。

註13　當遇到「所有變數皆為 0」這種一定會滿足方程式的狀態時，通常會稱其為「明顯」解（Trivial Solution）。

小編補充

我們可以將公式（4.2.2）改寫成以下形式：

$$\begin{cases} 0 = xr - axy \\ 0 = -ys + bxy \end{cases}$$

第一條公式告訴我們「獵物增加的速度」跟「獵物被捕食（因此獵物總數減少）的速度」相同，第二條公式告訴我們「掠食者減少的速度」跟「掠食者抓到獵物（因此掠食者總數增加）的速度」相同，此時系統達到穩態。

穩態解的「穩定性（Stability）」

　　這邊我們要來介紹一下**穩態解之穩定性**（stability）的概念。假設系統的狀態處於我們剛才看到的穩態解中。「穩態解是穩定的」就表示「當狀態發生微小變化時，狀態會試圖回復到原本的穩態解中」；反過來說，當這種微小的差異逐漸擴大到無法維持原本的狀態時，即稱為「不穩定」。各位可以稍微想像一下狀態分別位於山谷底部與陡峭山尖上的情形，應該就能理解兩者之間的差異了（圖 4.2.2）。

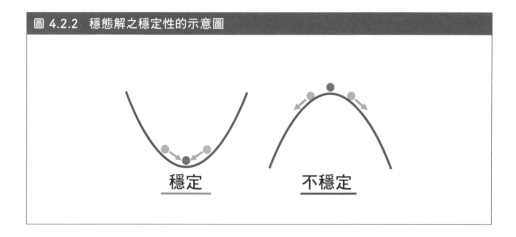

圖 4.2.2　穩態解之穩定性的示意圖

穩定　　　　　不穩定

實際評估穩定性

在剛才求出的穩態解中，有一個是掠食者與獵物都不存在的狀態：

$$
\begin{cases}
x_0 = 0 \\
y_0 = 0
\end{cases}
\tag{4.2.4}
$$

我們來實際評估一下它的穩定性吧！首先將穩態解中的各變數都加上一點微小變化　ε_x　與　ε_y，則系統狀態　(x, y)　可以寫成：

$$
\begin{cases}
x = x_0 + \varepsilon_x \\
y = y_0 + \varepsilon_y
\end{cases}
\tag{4.2.5}。
$$

將此狀態代入洛特卡−沃爾泰拉方程（4.2.1）並經過整理之後，可以得到：

$$
\begin{cases}
\dfrac{dx}{dt} = \dfrac{d(x_0 + \varepsilon_x)}{dt} = \dfrac{d\varepsilon_x}{dt} = (\varepsilon_x)(r - a\varepsilon_y) \cong r\varepsilon_x \\
\dfrac{dy}{dt} = \dfrac{d(y_0 + \varepsilon_y)}{dt} = \dfrac{d\varepsilon_y}{dt} = (\varepsilon_y)(-s + b\varepsilon_x) \cong -s\varepsilon_y
\end{cases}
\tag{4.2.6}
$$

在計算的過程中，由於二次項　$\varepsilon_x \times \varepsilon_y$　為　2　個微小量之乘積，因此與其他項相比之下可以忽略不計 [註14]。如此一來，我們就能建立出一個描述 ε_x　與　ε_y　將如何隨時間變化的方程式了。其微分方程式的解如下：

$$
\begin{cases}
\varepsilon_x = C_1 e^{rt} \\
\varepsilon_y = C_2 e^{-st}
\end{cases}
\tag{4.2.7}
$$

註14　當變數值很小時，忽略其二次方以上的項是一種常用的技巧。

　　由於 r 與 s 皆為正參數，因此 ε_x 會發散，ε_y 則會收斂。也就是說，在穩態解 $(x_0 = 0, y_0 = 0)$ 中，若將獵物個體數 x 加上一個小小的雜訊（noise），則該雜訊將會逐漸變大而導致無法維持原本的狀態。因此我們可以得出結論：此狀態是不穩定的[15]。

▌透過微分方程式的線性化進行分析

　　如上所述，當我們在穩定狀態[16]上加微小誤差後解方程式時，二次方以上的非線性項都是可以忽略的。也就是說，所有非線性項都是可以刪除的。這代表原本是非線性的微分方程式，也可以因此變成線性的方程式。這個過程我們稱為**線性化**。而藉由線性化來評估狀態之穩定性的做法，則稱為**線性穩定分析**（linear stability analysis）。由於洛特卡-沃爾泰拉方程是相對易於分析的非線性微分方程式，因此除此以外還可以進行各種不同的分析[17]，但這些做法不一定都能適用於較為複雜的模型。而本節介紹的穩態解與其穩定性的分析，都是通用性相當高的做法，相信只要記起來，應該都能找到派上用場的時機。

註15　若只看掠食者的話是穩定的。當獵物處在沒有掠食者的狀態時，即使原本的數量不多，也會逐漸增加，因此 $x = 0$ 的狀態是不穩定的；但掠食者若沒有獵物，是無法增加數量的，因此掠食者（在此穩態解的附近）可以穩定維持 0 個體的狀態。此外，若對另一個穩態解進行同樣的分析，則將得到一個只會在小範圍內振盪的結果。這是一個既非穩定也非不穩定的中間狀態。為顧及整體講解的流暢性，此處將不會另做詳細介紹。

註16　若是在非穩定狀態的點附近進行同樣的分析，則由於 x 和 y 的時間微分項皆不為 0，因此都會留在方程式中，也就是說方程式的左邊並非只有我們加上的微小值，因此很難進行分析。不過即使不在穩定狀態，變數變化率的方向也是可以計算出來的，因此我們還是可以藉由向量場來觀察動態行為的特徵。

註17　值得參考的書籍很多，像是今隆助、竹康博的「常微分方程式とロトカ・ヴォルテラ方程式」（共立出版）等。

數值模擬（Numerical Simulation）

我們之前曾經說過，除非是特殊情況，否則一般的非線性微分方程式都是無法直接求解的。但只要透過數值計算，還是有可能了解方程式的變數實際上會如何隨著時間變化。

我們再來看一次洛特卡-沃爾泰拉方程吧！

$$\begin{cases} \dfrac{dx}{dt} = x(r - ay) \\ \dfrac{dy}{dt} = y(-s + bx) \end{cases}$$

（4.2.1）

此方程式中，左側為變數對時間變化率，右側則為根據當前狀態所計算出來的量。因此假設在某一個瞬間（以 $t = t_0$ 表示）的狀態為 $x(t_0) = 1$ 以及 $y(t_0) = 2$ [註18]，則可算出在 t_0 時 x 的變化率為 $r - 2a$，y 的變化率則為 $2(-s + b)$ [註19]。我們只要利用這些值，就可以再求出下一個瞬間的狀態了。由於 x 和 y 在經過一個短暫的時間 Δt 之後（即 $t = t_0 + \Delta t$），只會稍微從 t_0 狀態改變一點點：剛才求得的變化率×Δt，因此我們可以用下式計算：

$$\begin{cases} x(t_0 + \Delta t) = x(t_0) + (r - 2a)\Delta t \\ y(t_0 + \Delta t) = y(t_0) + 2(-s + b)\Delta t \end{cases}$$

（4.2.8）

註18 此處是假設 x 和 y 均為代表個體數量的變數，並已經過適當的標準化（令每一單位的 x 和 y，分別代表多少個體數）。換句話說，此處的 $x(t_0) = 1$ 以及 $y(t_0) = 2$，並非指 1 隻獵物與 2 隻掠食者的意思。

註19 實際在計算時必須要決定 1 組參數值給 a、b、r、s，這樣我們所獲得的 x 與 y 的變化率才會是數值。

我們只要不斷重複這個過程，應該就能求出 x 與 y 的時間變化了吧？但事實上在 Δt 這段時間裡，x 和 y 的值也會產生變化，並影響到它們的變化率。而（4.2.8）假設變化率在時間 Δt 中是固定的，因此計算結果與理論之間一定會有落差。為了盡量減少這個落差，我們在實際進行計算時，應該要取小一點的 Δt，一點一點地慢慢更新。這種做法就是利用**尤拉法**（Euler's method）進行的**數值積分**（numerical integration）或**數值模擬**（numerical simulation）。

尤拉法雖然比較好懂，對理解數值積分也很有幫助，但它的誤差相對較大，因此實務上我們會使用**隆巨—庫塔法**（Runge-Kutta method）等準確率較高的演算法[20]。

想要讓微分方程式建構的模型「動起來」，相對之下是比較容易的。本節開頭的圖 4.2.1 中，個體數變動的時間序列也是透過上述方法取得的。我們在下一章中也會談到，當要建立數學模型時，實際觀察該模型的行為是不可或缺的步驟。此外，我們也可以透過數值模擬，針對狀態的穩定性及對參數值的影響進行探討。

註20　四階隆巨—庫塔法（通常稱為 RK4）在大多數情況下使用都不會有問題。要自己實作這個程式並不會太困難（用 Excel 也可以），或者也可以利用下一節要介紹到的軟體來執行。但礙於篇幅，本書將不會針對演算法的細節做深入介紹。

4.3 可求解之模型和不可求解之模型

可求解的微分方程式並不多

當我們建立的模型是以微分方程式來表示，該如何判斷它是否有解析解呢？這個問題其實沒有一個標準答案，但接下來我們會介紹一些可以求解的微分方程式，希望各位能夠大致掌握到一個感覺：如果模型的複雜度不超過某種程度的話，應該都（有機會）能求解。

我們先將結論簡單彙整如下：

- 若微分方程式是線性的，則大部分都可以求解。
- 若微分方程式（除了自變數之外）只有 1 個變數，則即使是非線性的，也可以求解。

線性微分方程式

線性微分方程式基本上都是可以求解的。線性的意思就是不會出現變數或其導數的乘積。我們之前已經講解過，像（4.1.8）這種含有多個線性微分方程式的聯立方程式是可以求解的，即使再加上常數項（$b_1, b_2, ..., b_n$），它也是可以求解的！

$$
\begin{cases}
\dfrac{dx_1}{dt} = a_{11}x_1 + a_{12}x_2 + \cdots + a_{1n}x_n + b_1 \\[2mm]
\dfrac{dx_2}{dt} = a_{21}x_1 + a_{22}x_2 + \cdots + a_{2n}x_n + b_2 \\
\qquad\qquad\qquad \vdots \\
\dfrac{dx_n}{dt} = a_{n1}x_1 + a_{n2}x_2 + \cdots + a_{nn}x_n + b_n
\end{cases}
\tag{4.3.1}
$$

此外，雖然我們目前介紹的大部分都是一階的微分方程式，但即使包含高階微分（變數被微分 2 次以上）也可以求解。

$$
\frac{d^n x}{dt^n} + a_{n-1}\frac{d^{n-1}x}{dt_{n-1}} + a_{n-2}\frac{d^{n-2}x}{dt_{n-2}} + \ldots + a_0 x = b
\tag{4.3.2}
$$

因為此方程式只要換上新的變數，就能轉變成（4.3.1）的形式了。

$$
x_1 = x \, \text{、} \ x_2 = \frac{dx}{dt} \, \text{、} \cdots \text{、} \ x_n = \frac{d^{n-1}x}{dt^{n-1}}
\tag{4.3.3}
$$

因此這 2 個方程式都具有相同形式的解。

▌一元非線性微分方程式

與時間相依的變數只有 1 個時，即使方程式內含有非線性項，也有機會可以求解。比如說 4.1 節介紹的邏輯斯方程式（4.1.3），因為含有 N 的平方項，所以為非線性，但是也能求解。實際上我們在利用微分方程式建立數學模型時，不太會有只需要 1 個變數的情形出現，因此以下只簡單介紹幾種可求解的微分方程式的形式（圖 4.3.1）。其中**分離變數型**的出現頻率很高，建議先記起來比較好。

圖 4.3.1 可求解的微分方程式範例

名稱	具體形式（f 及 g 為可微分函數）
■ 分離變數型	$\dfrac{dx}{dt} = f(x)g(t)$　例：$\dfrac{dx}{dt} = x^2 t$
■ 齊次型	$\dfrac{dx}{dt} = f\left(\dfrac{x}{t}\right)$　例：$(x-t)\dfrac{dx}{dt} + x = 0$
■ 伯努力微分方程式	$\dfrac{dx}{dt} + f(x)t = g(x)t^n$　例：$\dfrac{dx}{dt} + t = e^x t^2$
■ 拉格朗日方程式	$x = tf\left(\dfrac{dx}{dt}\right) + g\left(\dfrac{dx}{dt}\right)$　例：$x = t\left(\dfrac{dx}{dt}\right)^2 + \dfrac{dx}{dt}$

▌偏微分方程式（Partial Differential Equation）

目前為止，我們都只有討論變數對時間的（常）微分。當微分方程式中含有對其他變數的偏微分時，稱為**偏微分方程式**（partial differential equation）[註21]。比如說用來表現熱或物質之擴散現象的**擴散方程式**（diffusion equation）就是其中之一：

$$\frac{\partial C(x,t)}{\partial t} = D\frac{\partial^2 C(x,t)}{\partial x^2} \qquad (4.3.4)$$

註21 之前介紹的只含常微分的微分方程式，稱為常微分方程式（ordinary differential equation），有時會簡稱為 ODE。

上式中的　C　是我們正在關注的熱或物質的量（編註：這個量通常是我們要關注的物質之密度），D　是擴散係數、t　是時間，x　則是表示位置的（自）變數。

偏微分方程式若是線性的，或許還有可能可以求解，但若是非線性的，則幾乎是沒有解析解 註22，有些甚至連使用數值計算都有問題。雖然我們在進行資料分析時，很少會碰到一定得用偏微分方程式來建立數學模型的情形，但還是可以先記得它在求解上是很困難的。

▌分析軟體的利用

分析微分方程式時，除了自行進行數學推導或寫程式之外，還有許多軟體可以選擇。舉例來說，想要獲得微分方程式的解析解時，可以使用商業軟體 Mathematica、Maple 或免費軟體 Maxima 及線上知識引擎 Wolfram Alpha（免費版已能應付基本需求，但付費版有更強大的分析功能）。想要利用數值模擬時，則除了上述軟體之外，還可以使用商業軟體 MATLAB、IMSL、NAG 或免費軟體 Scilab、GNU Octave 及 Python 的 SciPy 等來執行。

註21　之前介紹的只含常微分的微分方程式，稱為常微分方程式（ordinary differential equation），有時會簡稱為 ODE。

註22）其實還是有例外，比如說可積系統（Integrable System）。但幸運的是，在我們生活的這個世界裡，大部分重要的自然定律都可以透過線性的常微分或偏微分方程式精確描述。少數無法辦到的例子，如描述流體運動的納維爾—斯托克斯方程（Navier-Stokes equations），是二階非線性的偏微分方程式。此方程不要說能不能求解了，我們甚至連它是否在所有情況下皆有解都不知道。

4.4 控制理論（Control Theory）

▎系統如何響應自變數

假設我們可以自由控制微分方程式中的一個變數值，是否就有機會評估這個變數對其他變數的影響、或是用這個變數控制其他變數呢？

此問題在工程學中是一個獨立的研究領域，稱為**控制理論**（control theory），目前也已經有許多方法誕生。本節將介紹其基礎概念及控制方法。不過這部分的數學稍微複雜一點，若難以吸收的話，只要大概看過去就可以了。

▎方便求解微分方程式的工具

首先要介紹的是一種稱為**拉普拉斯轉換**（Laplace transform）的數學工具。它的作用是對某個變數（此處假設為時間函數）執行圖 4.4.1 中的積分計算，將其轉換成另外一種函數。具體來說，像是 $x(t) = t$ 這個函數在經過拉普拉斯轉換之後，就會轉換成 $X(s) = \dfrac{1}{s^2}$ 形式的函數。注意到了嗎？經過轉換之後，原本的時間 t 函數就變成 s 的新函數了！

如果只是這樣的話，可能很難理解為什麼要刻意這麼做，但拉普拉斯轉換真正奧妙的地方，其實是在於「函數之微分」的轉換。如圖 4.4.1 所示，對時間取微分的函數 $x(t)$ 在經過拉普拉斯轉換之後，可以得到「原函數之拉普拉斯轉換 $X(s)$，再乘以 s （並減去常數）」的結果。同樣地，積分也是將 $X(s)$ 乘以 $1/s$ 即可。

我們直接來看看實際使用的例子吧！

圖 4.4.1　拉普拉斯轉換彙整

拉普拉斯轉換的定義

$$F(s) = \mathcal{L}[f(t)] = \int_0^\infty f(t)e^{-st}dt$$

原本的函數	經過拉普拉斯轉換之後
t	$\dfrac{1}{s^2}$
t^n	$\dfrac{n!}{s^{n+1}}$
e^{-at}	$\dfrac{1}{s+a}$
$\sin \omega t$	$\dfrac{\omega}{s^2 + \omega^2}$

 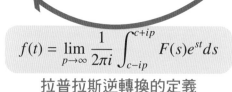 

$$f(t) = \lim_{p \to \infty} \frac{1}{2\pi i} \int_{c-ip}^{c+ip} F(s)e^{st}ds$$

拉普拉斯逆轉換的定義

拉普拉斯轉換的特性

原本的函數	經過拉普拉斯轉換之後
$x(t)$	$X(s)$
$\dfrac{d}{dt}x(t)$	$sX(s) - x(0)$
$\dfrac{d^n}{dt^n}x(t)$	$s^n X(s) - s^{n-1}x(0) - s^{n-2}\dfrac{d}{dt}x(0) - \cdots - \dfrac{d^n}{dt^n}x(0)$
$\displaystyle\int_0^t x(\tau)d\tau$	$\dfrac{1}{s}X(s)$
$ax_1(t) + bx_2(t)$	$aX_1(s) + bX_2(s)$

利用拉普拉斯轉換求解微分方程式

我們來看看本章開頭介紹的馬爾薩斯模型，在拉普拉斯轉換之後的結果吧！以下先將原本代表個體數的變數 N 改寫為 x。

$$\frac{dx}{dt} = rx \tag{4.4.1}$$

在方程式兩側都使用了拉普拉斯轉換（對照圖 4.4.1 的表便可快速計算出來）之後，可以得到：

$$sX - x(0) = rX \tag{4.4.2}$$

因此，只要針對 x 在拉普拉斯轉換後的函數 $X(s)$ 計算，便可得到：

$$X(s) = \frac{x(0)}{s - r} \tag{4.4.3}$$

各位注意到了嗎？原本（4.4.1）含有微分項，在進入拉普拉斯轉換的世界之後，居然變成不含微分項的一般方程式[註23] 了！接下來只要再將它轉換回原本的世界即可，此時需要的計算稱為拉普拉斯逆轉換。實際在計算時，可以參考如圖 4.4.1 的轉換表，得到原本的函數為：

$$x(t) = x(0)e^{rt} \tag{4.4.4}$$

註23　正確來說應該是代數方程式。

如此一來，輕輕鬆鬆就能解開微分方程式了！這個解法的過程可以簡單整理如下：

（1）對原本的微分方程式取拉普拉斯轉換

（2）在拉普拉斯轉換後的世界中求解

（3）轉回到原本的世界

對線性方程式來說，拉普拉斯轉換非常好用，光從轉換後的形式便可看出它讓分析變得簡單多了。這項特性在（古典）控制理論中扮演著相當重要的角色。

▎在微分方程式中加入控制項

接著我們來看看若在線性微分方程式中加入可控制的變數 $u(t)$，會發生什麼事吧！

$$\frac{d^n x}{dt^n} + a_{n-1} \frac{d^{n-1} x}{dt_{n-1}} + a_{n-2} \frac{d^{n-2} x}{dt_{n-2}} + \ldots + a_0 x = u(t) \qquad (4.4.5)$$

兩側皆取拉普拉斯轉換，並經過整理之後，可得：

$$X(s) = \frac{1}{s^n + a_{n-1} s^{n-1} + \cdots + a_0} U(s) = G(s) U(s) \qquad (4.4.6)$$

$U(s)$ 實際上會是什麼樣的函數取決於 $u(t)$，而 $u(t)$ 是一個我們可以控制的變數，我們可以在一開始就根據我們想要系統做什麼事情，來決定 $u(t)$ 的類型。其中 $U(s)$ 的係數為**轉移函數**，通常會以 $G(s)$ 來表示。由於 $G(s)$ 的部分就含有系統穩定性的相關資訊了，因此雖然只要將（4.4.6）的兩側都取拉普拉斯逆轉換，就可求得變數 x 的時間變化，但其實不需經過這些計算，也可以透過分析 $G(s)$ 來掌握許多資訊。

舉例來說，只要知道 $G(s)$ 的分母為 0 時，s 的值（稱為極點）是正還是負，就能知道系統的穩定性。此外，也可以實際將 $u(t)$ 設定成各種函數[註24]來分析系統的響應。

設定回饋系統以達到目標值

若我們想要將系統變數調整到目標值的話，應該將 $u(t)$ 設定成何種函數呢？這件事有很多種達成的方法，接下來我們要介紹的，是其中最受歡迎的 **PID 控制器**（Proportional-Integral-Differential Controller, PID Controller）。

為方便說明，首先假設我們進行控制的目標是使系統變數 $x(t) = 0$（編註：假設系統變數的目標值為0），並使用 $e(t)$ 來表示時間為 t 時，系統變數與目標之間的差異。為了讓 $e(t)$ 更接近於 0，我們必須根據 PID 控制器的 3 個元素來決定輸入 $u(t)$ 的值。

總結之後，如下所示：

$$u(t) = K_p e(t) + K_I \int_0^t e(\tau)d\tau + K_D \frac{de}{dt} \tag{4.4.7}$$

註24 比如說階躍函數（Step Function）、脈衝函數（Impulse Function）及三角函數等。

這種回饋控制相對地容易實作，而且只要設定好參數值，就能運作得很好，因此在工程領域中的應用範圍非常廣泛。關於控制的穩定性，也可以藉由拉普拉斯轉換後的方程式（4.4.6）來進行分析。

（1）比例元素（P）

系統變數與目標值的差異乘上一個比例，得到 $K_p e(t)$，將此項加到可控制變數 $u(t)$。K_p 為比例增益參數。

（2）積分元素（I）

系統變數與目標值的差異對時間作積分後乘上一個比例，得到 $K_I \int_0^t e(\tau)d\tau$，將此項加到可控制變數 $u(t)$。K_I 為積分增益參數。

（3）微分元素（D）

系統變數與目標值的差異對時間作微分後乘上一個比例，得到 $K_D \dfrac{de}{dt}$，將此項加到可控制變數 $u(t)$。K_D 為微分增益參數。

▌古典控制理論、現代控制理論與目前的發展

透過本節介紹的以拉普拉斯轉換與轉移函數為基礎的控制理論，稱為古典控制理論。之後又將無法觀察到的變數（狀態變數）以及多變數的動態行為也都納入考量，而形成了現代控制理論。目前則是又發展出了許多研究分支，比如說可以針對模型化時產生之誤差進行強健控制的 H-infinity 控制理論、針對非線性系統的非線性控制，以及近年來使用神經網路進行的控制等等。

第4章小結

● 方程式中若含有表示變數變化率的微分項，即稱為微分方程式。可用於理解變數的動態行為。

● 線性微分方程式可以將變數對時間的變化表示成時間函數（可求解），非線性微分方程式則通常無法求解。

● 微分方程式即便無法求解，也可以透過穩定性的分析來了解是否易於維持在穩定狀態。

● 線性微分方程式中，研究控制變數之值的控制理論已發展得非常完備。

MEMO

第 5 章

機率模型

隨著時間推演，目標系統的變化具有不確定性，機率模型就派上用場了！本章將以排隊理論為題，概述機率模型的基礎知識與應用。由於機率相關理論的應用領域非常廣泛，因此雖然有些不熟悉的概念會較難掌握，但還請各位務必要確實理解。

5.1 隨機過程（Stochastic Process）

探討含有機率之情況

我們已經在第 4 章中學會如何使用微分方程式來捕捉變數隨時間的變化了。只要起始條件相同，微分方程式的變數就一定會表現出同樣的動態行為。這稱為**確定性**（deterministic）**動態行為**。但是在現實資料當中，變數並不會每次都出現完全相同的行為，而是會有一些差異。只有當這些差異可忽略時，才能使用上一章的微分方程。

而當這類差異無法忽略時，使用含有「機率」概念的模型，有時更能掌握到系統。因此本章將解說這類方法。

機率分佈（Probability Distribution）為機率資訊之彙整

在開始說明之前，我們先以投擲普通骰子 1 次為例，來介紹一下**機率分佈**（probability distribution）的概念[註1]。我們在投擲骰子時，必須要等到投完才能知道獲得什麼點數。假設得到的點數之值為 X 好了，這種變數我們稱為**隨機變數**（random variable）。雖然 X 的值無法事先得知，但我們知道 X 將會是 1 到 6 之間的其中 1 個整數，而且每個整數的出現機率都是 1/6。

　　像這樣列出隨機變數所有可能出現之值，以及該值發生機率，就是機率分佈。機率分佈通常會以記號 P 表示，$P(X)$ 的意思是「X 為遵循機率分佈 P 的隨機變數。」

註1　雖然使用測度論（Measure Theory）可獲得更嚴謹的定義，但我們的目的是讓初學者也能輕鬆上手。

連續變數的機率分佈

雖然在投擲骰子的例子當中，隨機變數只會是 1 到 6 的離散值，但其實隨機變數也可以是實數值。比如說，假設電車的預定抵達時間與實際抵達時間之間的差（延誤時間）為 X（秒）。雖然日本電車已經非常準時了，但實際上還是會有幾秒到幾十秒不等的差異。

我們一樣來看看這個 X 所遵循的機率分佈。當觀察到 2 個 X 之後，我們會發現即使乍看之下都是準點抵達，但只要細分下去，都還是會有幾秒、幾毫秒、幾微秒、幾奈秒，甚至再更細微的差異，因此 X 的可能值為無限多種[註2]。此外，所有 X 的可能值之機率總和必須要為 1。這代表當我們精確指定某個 X 的發生機率時，比如說 $X = 0$，這種事件的實際發生機率，其實是 $\dfrac{1}{\infty} = 0$。我們必須要指定一個區間，比如說延誤 0 秒到 10 秒之間的機率，才有可能求得有意義的值。綜上所述，當隨機變數是連續值時，特定一個值的發生機率將會是 0[註3]，指定區間的發生機率才能定義成非 0。

連續變數的機率分佈：機率密度函數（Probability Density Function）

我們可以使用**機率密度函數**（probability density function）$p(X)$ 來描述每個連續變數之值的發生機率，也可以用它來計算剛才提到的「隨機變數 X 落在區間 a 到 b 之間的機率」（標示為 $P(a \le X \le b)$。請注意大寫 P 和小寫 p 的差別：P 代表事件發生的**機率**，p 代表**機率密度函數**），如下式所示：

$$P(a \le X \le b) = \int_a^b p(x)dx \tag{5.1.1}$$

註2　此處假設在測量時沒有準確率的限制。

註3　在不考慮特殊分佈或設定的情況之下。

這可以對應到圖 5.1.1 中 $X = a$ 與 $X = b$ 之間 $p(X)$ 下的面積。

一般在提到「連續變數 X 的機率分佈」時，所指的都是 $p(X)$。但上述寫法看起來可能有點複雜，我們可以把它想像成直方圖（次數分配圖）會比較好懂（圖 5.1.1）。在直方圖中，每一個長條高度都代表了滿足該條件的資料數量，我們只要讓資料無限增加，使長條無限變細，並將長條高度除以資料總數，就能得到等同於機率密度函數 $p(X)$ 的結果了。

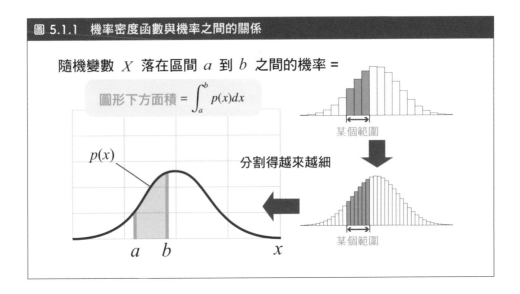

圖 5.1.1　機率密度函數與機率之間的關係

隨機變數 X 落在區間 a 到 b 之間的機率 =

圖形下方面積 = $\int_a^b p(x)dx$

某個範圍

分割得越來越細

$p(x)$

某個範圍

a　b　　x

隨機過程（Stochastic Process）

看完了單一事件的隨機變數，接著來看看大富翁吧！這是個需要投擲骰子多次，並依照每次擲出點數前進的遊戲。遊戲過程中，前進的總數（位在大富翁的哪一格上）會隨著時間改變。假設我們以 X_1、X_2、$\cdots$、X_t 來表示不同時間所在位置的隨機變數之集合。這種隨著時間變化的隨機變數，稱為**隨機過程**（stochastic process）。除了骰子之外，我們也可以使用任何一種機率分佈來指定隨機變數每次變化的方式。基本上本章介紹的所有機率模型都屬於這種隨機過程。

5.2 馬可夫過程（Markov Process）

▌馬可夫過程不會回顧過去的狀態

大家仔細想一下大富翁遊戲的一個重要特色：棋子接下來要走到哪一格，只需要知道當前棋子的位置、以及接下來將出現的骰子點數，不需要知道過去棋子曾經走過哪些格子。這個特色與本節要介紹的一個重要的隨機過程有關：**馬可夫過程**（Markov process）。系統的隨機變數（也稱為狀態）要改變時，只會以當前狀態來決定下一個狀態。透過以下實例，我們將可看到它利於數學分析的特性與廣泛的應用方式，也因此它的使用領域相當多元。

▌午餐的決定方式

E 是每天中午都要外食的上班族。可是他公司附近就只有 3 間餐廳，分別是拉麵店、牛排館以及蕎麥麵店，每天都得想到底要吃哪一間，讓他覺得非常困擾，因此他決定改用機率來選擇！不過若完全交由隨機決定，運氣差的時候不就得連續幾天都去同一間店嗎？但只以固定順序輪流也很無趣，因此他最後決定使用以下規則來決定餐廳[註4]。

他想到的方法是以當天去的**餐廳**來決定隔天要去哪一間餐廳（圖5.2.1）。如果當天吃拉麵，而且骰子擲出 1、2 或 3（即 3/6 = 1/2 的機率），隔天就繼續吃拉麵；如果擲出 4 或 5（2/6 = 1/3 的機率），隔天就吃牛排；如果是 6（1/6 的機率），就吃蕎麥麵。如果當天吃牛排，隔天就

註4 在馬可夫過程裡，從某一個狀態跳到同一個狀態的機率可以是 0，就如範例裡今天吃牛排後，明天就不吃牛排了。從某一個狀態跳到同一個狀態的機率也可以是很大，就像此範例裡今天吃拉麵後，明天有一半的機率也吃拉麵。

有 5/6 的機率是吃拉麵，1/6 的機率是吃蕎麥麵，這也代表 E 不想要連續 2 天都吃牛排。吃蕎麥麵之後也用機率來決定隔天午餐要吃什麼。只要按此規則，就能（只）根據當天的情況，隨機決定隔天的午餐了！這就是馬可夫過程。而且此馬可夫過程是離散的時間，因此又稱為**馬可夫鏈**（Markov chain）。

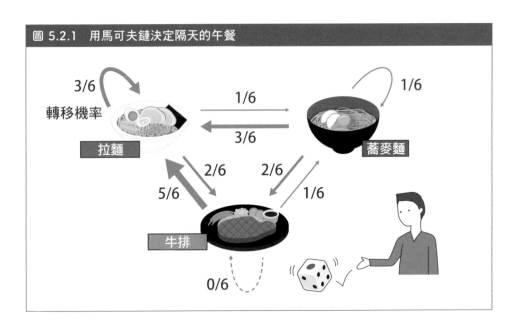

圖 5.2.1　用馬可夫鏈決定隔天的午餐

所以吃到拉麵的比例會是多少呢？

現在 E 終於可以輕輕鬆鬆決定要去哪間餐廳吃午餐了。他每天都根據這個規則來決定中午要吃什麼，比如說這禮拜就吃了拉麵、蕎麥麵、牛排、拉麵、拉麵。這種狀態的改變稱為**狀態轉移**（state transition），而每個狀態轉移發生的機率則稱為**轉移機率**（transition probability）。

不過即使再愛吃拉麵，他也還是會擔心訂出這種規則會不會讓拉麵店的出現頻率太高。因此需要知道實際上吃到拉麵的比例究竟是多少呢？讓我們用數學方法來分析看看吧！

建立狀態機率之方程式

首先我們可以使用 $p(t)$、$q(t)$、和 $r(t)$ 分別表示在第 t 天吃到拉麵、牛排和蕎麥麵的機率，並將它們都計算出來。這種機率稱為**狀態機率**。若假設 E 在開始實行這個午餐決定法的前一天，也就是 $t=0$ 時，吃的是拉麵，我們就可以設定 $p(t)=1$、$q(t)=0$、和 $r(t)=0$。而第一天，也就是 $t=1$ 時吃到拉麵的機率，就等於從前一天的拉麵狀態再一次轉移到拉麵的機率，為 1/2。當天吃到牛排或蕎麥麵的機率，也可以同理求出。到了 $t=2$ 之後，由於當天午餐皆取決於前一天的中午吃了什麼，所以我們只要知道「前一天吃拉麵、牛排或蕎麥麵時，轉移到各個狀態的機率」為何，就能如圖 5.2.2 般，用前一天的狀態機率表現出當天吃到各種午餐的機率了。

該方程式可以利用矩陣表現得更為簡潔（圖 5.2.2）：

（下一個狀態機率）=（轉移機率的矩陣）×（上一個狀態機率）

描述此轉移機率的矩陣稱為**狀態轉移矩陣**（state-transition matrix）。而這種「只要將前一個狀態機率乘以矩陣，便可獲得下一個狀態機率」的特性，則是馬可夫過程的重要特徵。只要能滿足這項條件，我們就能用初始條件（$t=0$）的狀態機率乘以狀態轉移矩陣 t 次，來求出特定時刻 t 的狀態了。

圖 5.2.2　狀態機率的時間演化方程式

狀態機率的時間演化方程式

第 $t+1$ 天

拉麵的機率：　$p(t+1) = \dfrac{3}{6}p(t) + \dfrac{5}{6}q(t) + \dfrac{3}{6}r(t)$

牛排的機率：　$q(t+1) = \dfrac{2}{6}p(t) + \dfrac{0}{6}q(t) + \dfrac{2}{6}r(t)$

蕎麥麵的機率：　$r(t+1) = \dfrac{1}{6}p(t) + \dfrac{1}{6}q(t) + \dfrac{1}{6}r(t)$

以矩陣表示

$$\begin{pmatrix} p(t+1) \\ q(t+1) \\ r(t+1) \end{pmatrix} = \begin{pmatrix} 1/2 & 5/6 & 1/2 \\ 1/3 & 0 & 1/3 \\ 1/6 & 1/6 & 1/6 \end{pmatrix} \begin{pmatrix} p(t) \\ q(t) \\ r(t) \end{pmatrix}$$

$= T$：狀態轉移矩陣

經過一段時間之後

　　上述範例是以拉麵為初始條件開始的。但若改以蕎麥麵開始，會出現什麼結果呢？以直覺來想像的話，或許第 1、2 天吃到拉麵的機率會不同，但到了 1 年之後應該就沒什麼關係了吧？而且開始整整 1 年之後吃到拉麵的機率，和整整 2 年後吃到拉麵的機率，應該也會變得差不多吧？的確，事實上只要轉移矩陣能夠滿足一定條件[註5]，狀態機率就會收斂成不隨時間改變之定值，這種狀況稱為穩定狀態（跟之前講解微分方程式時是一樣的概念）。

註5　穩定機率分布會因為初始條件的不同而改變，有以下 2 種情況：一種是從某一
　　　個狀態開始後，發現有另一個狀態是無論從其他狀態轉移多少次都無法抵達的
　　　情況（Reducible）；另一種則是當有 2 個狀態互相來回具有週期性（Periodic）。不
　　　過反過來說，只要非上述情況（稱為滿足遍歷性，即為Ergodic），則不管初始條
　　　件為何，都會達到穩定分布。此時因為只要專心找出一定會存在的那 1 個解就
　　　可以了，因此分析會變得比較簡單。

　　此時若將圖 5.2.2 中建立的方程式，改寫為狀態機率不隨時間改變之形式（假設其值分別為 p、q、和 r），便可獲得一個普通的聯立方程式（圖 5.2.3）。如此一來，要求解就非常簡單了。以此例來說，我們可以求出吃拉麵的機率為 7/12、吃牛排的機率為 3/12，吃蕎麥麵的機率則為 2/12。

　　如上所示，檢視穩定狀態可使機率及期望值的計算都變得簡單，對系統的分析也很有幫助。

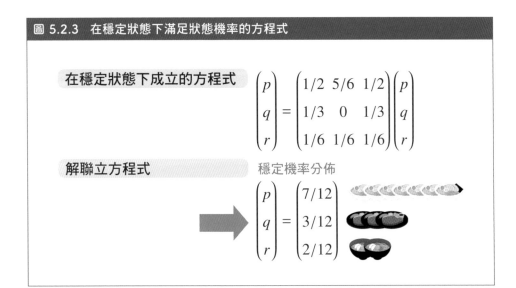

圖 5.2.3　在穩定狀態下滿足狀態機率的方程式

在穩定狀態下成立的方程式

$$\begin{pmatrix} p \\ q \\ r \end{pmatrix} = \begin{pmatrix} 1/2 & 5/6 & 1/2 \\ 1/3 & 0 & 1/3 \\ 1/6 & 1/6 & 1/6 \end{pmatrix} \begin{pmatrix} p \\ q \\ r \end{pmatrix}$$

解聯立方程式　　　　　穩定機率分佈

$$\begin{pmatrix} p \\ q \\ r \end{pmatrix} = \begin{pmatrix} 7/12 \\ 3/12 \\ 2/12 \end{pmatrix}$$

5.3　排隊理論

▌以機率表現在窗口前排隊的隊伍

本節終於要開始介紹如何利用隨機過程來幫為目標現象（系統）建模了！我們就以某間便利商店想要設置 ATM 的情境來做為範例（圖 5.3.1）。

首先，ATM 要設置幾台，一台夠嗎？若要避免有太多顧客想要使用，而導致大排長龍的情形出現的話，我們可以使用數學模型來評估看看。

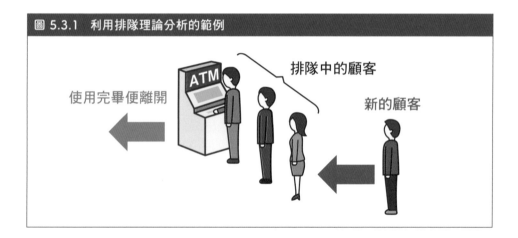

圖 5.3.1　利用排隊理論分析的範例

▌根據平均行為進行推測

最簡單的做法就是找出平均多久會出現一位顧客使用 ATM（平均時間間隔），以及平均每次使用的時間。如果平均每 5 分鐘會有一位顧客來使

註6　有興趣的讀者可以參考以下 2 本書：一本是高橋幸雄與森村英典的「混待」（朝倉書店），此書內容簡單易懂；另一本則是田茂雄等人的「待行列理論基礎用」（共立出版），書中從基礎到應用都有非常紮實的介紹。

用 ATM，但每位要使用 10 分鐘才會離開的話，顯然 1 台 ATM 是無法應付所有顧客。但反過來說，若平均每 10 分鐘才會有 1 位顧客使用 ATM，而且每位使用的時間不長，只有 5 分鐘的話，應該就沒問題了。繼續這樣討論下去，我們就可以得出一個結論：只要每位顧客的使用時間都比出現下一位顧客要使用 ATM 的時間間隔要短就可以了！

　　但實際上這個推論是有問題的 [註7]。因為多久會出現一位顧客和使用時間都不是固定的，但我們沒有把這些差異考慮進去。因此雖然平均來說可以消化這些顧客，但隊伍也有可能在某些時刻突然變得很長。而且在這種情況下，顧客的平均等待時間會是多久呢？

　　當上述的差異無法忽略時，就是需要使用隨機過程建模的時候了！接下來就讓我們一邊準備建模所需的各項道具，一邊針對模型進行詳細的介紹吧！

可表現顧客隨機抵達情形的卜瓦松過程 (Poisson Process)

　　首先假設要使用 ATM 的顧客出現頻率為每 1 小時 λ 位。這邊要提醒各位，我們指定的只是一個平均值而已，實際上顧客會在什麼時間點抵達，目前都還是未知（有可能在每小時的第 1 分鐘內就一次來了 10 位，也有可能剛好每 6 分鐘才來 1 位）。

　　接著來看看顧客隨機出現的情況。我們先想像一個非常短的時間間隔 Δt，比如說 0.1 秒。再以此 Δt 為單位，將 1 小時分割成數等分。比如說，當 Δt 為 0.1 秒時（即 Δt = 0.1 / 3600（小時）），1 小時便可分割成 36,000 個非常短暫的時間點。我們可以假設在這 36,000 個時間點中，每個時間點顧客都會以 $\lambda \Delta t$ 的機率隨機出現。

註7　之前提到的結論是讓排隊隊伍不要發散的充要條件。但正如我們之後講解的，
　　　即使滿足這項條件，也無法保證隊伍就不會變長。

　　因此若 1 小時內平均會有 10 位顧客出現，則 $\lambda=10$，而 $\lambda\Delta t=1/3600$。這個意思就像籤筒裡有 3,600 張籤，其中只有 1 張會中獎，只要抽中了，顧客就會出現。雖然這個機率非常小，但因為 1 小時內會抽 36,000 次，因此算起來平均還是會有 10 位顧客出現（圖 5.3.2）。

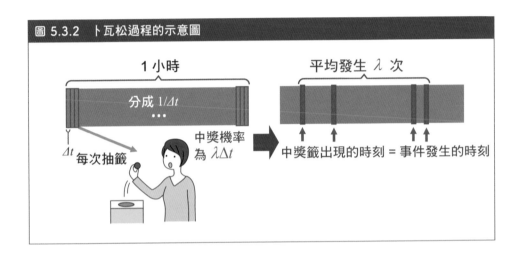

圖 5.3.2　卜瓦松過程的示意圖

1 小時

分成 $1/\Delta t$

Δt　每次抽籤

中獎機率為 $\lambda\Delta t$

平均發生 λ 次

中獎籤出現的時刻 = 事件發生的時刻

　　像這樣隨著時間經過計算事件發生次數的隨機過程，稱為**卜瓦松過程**[8]。卜瓦松過程有良好的運算性質（編註：比如兩個卜瓦松過程相加之後，還是卜瓦松過程），因此使用的範圍很廣[9]。卜瓦松過程也是馬可夫過程的一種。它與上一節介紹的馬可夫鏈主要差別在於馬可夫鏈的時間是以離散的方式（1、2、...）增加，而卜瓦松過程則可以取連續值。雖然兩者在本質上都是馬可夫過程，但在數學上的處理還是有些差異。

註8　嚴格來說是要取 $\Delta t \rightarrow 0$ 的極限。

註9　這是指事件之間沒有關聯，就像我們每次投擲骰子或硬幣的結果，都跟之前投擲的結果無關。相反的話則是像「某個事件發生之後，一段時間之內將不會再發生下一個事件」的情形。若前、後事件無關，我們在描述下一個狀態時，就不需要使用到過去的歷史資料，因此計算上會變得比較簡單。至於必須要取較小的 Δt 的原因，則是為了要避免在同一個 Δt 內發生 2 次以上的事件。不過這也表示以此隨機過程建立的模型，將無法對應一群人一起出現在 ATM 前這種（幾乎）同時出現多位顧客的情況。

表現增加和減少的生死過程
（Birth-Death Process）

　　我們現在已經準備好將顧客出現的情形模型化。接下來，同樣將顧客使用完 ATM 後離開的情形也加入模型當中吧！首先假設 μ 為有顧客在使用時，操作 ATM 的速度（使用時間的倒數）。我們已經知道卜瓦松過程中，新顧客會在極短時間 Δt 內，以 $\lambda \Delta t$ 的機率出現在 ATM 的排隊隊伍當中，現在要考慮的則是在使用 ATM 的顧客，以 $\mu \Delta t$ 的機率使用完畢離開[註10] 的隨機過程。這稱為**生死過程**（birth-death process）。

　　根據以上假設，我們可以將 ATM 前的排隊人數變化整理成圖 5.3.3 的內容。

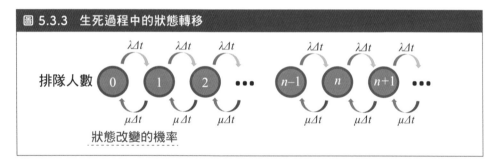

圖 5.3.3　生死過程中的狀態轉移

以機率描述隊伍長度

　　接著我們就藉由這個生死過程，來分析隊伍長度將如何發生變化吧！按照慣例，先來建立描述動態行為的方程式。方便起見，我們將隊伍長度若以 n 人表示，但在此情況中，人數的增減是隨機發生的，很難直接掌握到這個量[註11]。因此我們改為導入一個表示隊伍在時間 t 時有 n 個人之

註10　當 Δt 非常小時，顧客在同時間出現或離開的發生機率會是 $\lambda\mu(\Delta t)^2$，這種事件的發生是可以忽略的。

註11　其實有一種建模方式可以直接描述出這種情形，稱為隨機微分方程，比如財務工程中很有名的布萊克－休斯方程式（Black-Scholes Equations）。但隨機微分方程在數學上的處理較為困難，因此本書不會介紹。

機率 $P_n(t)$。由於隊伍中的人數 n 有無限多種可能性（0 人、1 人、...），因此我們也需準備相應數量的 $P_n(t)$ 方程式。由於這些方程式都有相同結構，因此我們只要知道通用的公式就夠了[註 12]。

　　在生死過程中，顧客在極短時間 Δt 內的出現與離開的發生機率 $\lambda \Delta t$ 及 $\mu \Delta t$。我們可以藉此建立出圖 5.3.4（上方）中的方程式。當 Δt 無窮小，該方程式便可表示成微分方程式（圖 5.3.4 下方）。待方程式建立完成後，就可以進行數學分析了。

　　雖然這些方程式是變數 P_0、P_1、P_2、... 的線性微分方程式，但由於變數數量有無限多，因此無法使用 4.2 節和 5.2 節介紹的方法，將其視為時間函數來求解。不過這類方程式會隨著時間的推移趨近於穩態，因此我們可以來看看它們在穩定狀態下的行為[註 13]。

圖 5.3.4　滿足描述隊伍人數之機率的方程式

經過極短時間 Δt
後有 n 個人的機率　　　當時間為 $t + \Delta t$ 時有 n 個人的 3 種情形

$$P_n(t + \Delta t) = \lambda P_{n-1}(t) \Delta t + (1 - \lambda \Delta t - \mu \Delta t) P_n(t) + \mu P_{n+1}(t) \Delta t$$

新顧客抵達　　　　　　無增無減　　　　　服務完成
$n-1 \rightarrow n$　　　　　　$n \rightarrow n$　　　　　$n+1 \rightarrow n$

若 $\Delta t \rightarrow 0$
$$\begin{cases} \dfrac{dP_n(t)}{dt} = \lambda P_{n-1}(t) - (\lambda + \mu) P_n(t) + \mu P_{n+1}(t) \\ \qquad\qquad\qquad\qquad\qquad (n=1, 2, 3, ...) \\ \dfrac{dP_0(t)}{dt} = -\lambda P_0(t) + \mu P_1(t) \end{cases}$$

由於 n 不可能為負，因此只需把 $n = 0$ 特別提出來處理

註12　由於 n 在本次的情況中也可以是無限大，因此在進行數學處理時需特別留意。

註13　請注意，此處指的是機率 $P_n(t)$ 趨於穩定，而不是 n 的值趨於穩定。我們在上一節中也有提過，無論初始條件為何，一般來說馬可夫過程都會有穩定狀態機率。

分析穩定狀態

　　以下我們就用 5.2 節介紹的方法，來分析狀態機率不隨時間改變的情況。此時由於 $P_n(t)$ 已與時間無關，為一定值，因此可以直接表示為 P_n。接著再根據圖 5.3.4 中的方程式，建立出穩定狀態的方程式，如圖 5.3.5 所示。我們在 4.2 節中已經講解過微分方程式的穩定狀態了，此處的做法是一樣的。雖然本範例的變數數量極多，但我們可以利用它們之間的關係，求出具有**遞迴關係**（recurrence relation）之條件。

　　由於本次求出的遞迴關係較為特殊，是非常容易求解的三項遞迴關係（圖 5.3.5[註14]），因此我們可以獲得狀態機率 P_n 的具體方程式。

　　各位可以看到，我們這次也是藉由限定在穩定狀態之下，來求出系統的狀態機率。

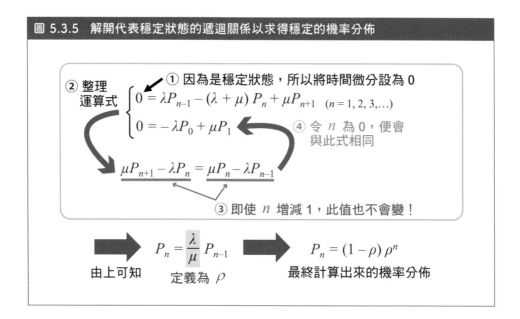

圖 5.3.5　解開代表穩定狀態的遞迴關係以求得穩定的機率分佈

② 整理運算式

① 因為是穩定狀態，所以將時間微分設為 0

$$0 = \lambda P_{n-1} - (\lambda + \mu) P_n + \mu P_{n+1} \quad (n = 1, 2, 3, \ldots)$$

$$0 = -\lambda P_0 + \mu P_1$$

④ 令 n 為 0，便會與此式相同

$$\mu P_{n+1} - \lambda P_n = \mu P_n - \lambda P_{n-1}$$

③ 即使 n 增減 1，此值也不會變！

由上可知　　$P_n = \dfrac{\lambda}{\mu} P_{n-1}$　　$P_n = (1 - \rho) \rho^n$

定義為 ρ　　最終計算出來的機率分佈

註14　假設 $\lambda < \mu$。此條件為本節開頭所提之條件，若無法滿足，隊伍便會無限延伸，且不會有穩態解。

小編補充 欲計算最終穩定的機率分布時，需要多考慮一個條件：我們已經知道隊伍在時間 t 時有 n 個人之機率 $P_n(t)$，因此在時間 t 的情況下，隊伍有 0 個人的機率，加上隊伍有 1 個人的機率，加上隊伍有 2 個人的機率，…，加上隊伍有無窮多人的機率，其機率總和為 1。最後可得以下關係式：

$$\sum_{n=0}^{\infty} P_n = P_0 + P_1 + P_2 + ... = P_0 + \frac{\lambda}{\mu} P_0 + \frac{\lambda^2}{\mu^2} P_0 + ... = 1$$

$$\Rightarrow \frac{P_0}{1 - \dfrac{\lambda}{\mu}} = 1$$

$$\Rightarrow P_0 = 1 - \rho$$

█ 已知機率分佈，便可求出期望值

　　我們現在已經可以求出穩定狀態的機率分佈了。原則上，只要知道機率分佈便能求出大部分的期望值，如 ATM 的使用率、平均隊伍長度及顧客的平均等待時間等。實際計算出來的結果請見圖 5.3.6。從圖中可以看出平均隊伍長度（等待 ATM 的人數）會在接近 $\rho = 1$ 時一口氣暴增，因此實際上在設計系統時，必須要設定 ρ 小於 1，且和 1 之間要再留點餘裕。

圖 5.3.6 使用穩定分佈求出期望值

穩定狀態下的機率分佈

$$P_n = (1-\rho)\,\rho^n$$

計算各種期望值

平均使用率 $\quad\quad \rho$

系統內的平均人數 $\quad \dfrac{\rho}{1-\rho}$

平均停留於系統內的時間 $\quad \dfrac{1}{\mu-\lambda}$

⋮

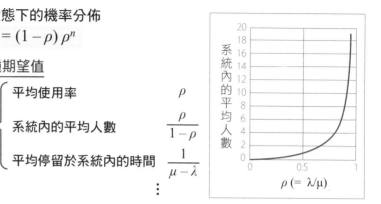

小編補充 系統內的平均人數、平均停留於系統內的時間計算方式

系統內的平均人數算法是：系統內有 1 個人乘上系統內有 1 個人的機率，加上系統內有 2 個人乘上系統內有 2 個人的機率，系統內有 3 個人乘上系統內有 3 個人的機率，如此累加。數學表示如下：

$$0\times P_0 + 1\times P_1 + 2\times P_2 + 3\times P_3 + \cdots = \sum_{i=0}^{\infty} i\times P_i = \sum_{i=0}^{\infty} i\times(1-\rho)\rho^i$$

$$= (1-\rho)\sum_{i=0}^{\infty} i\times\rho^i = (1-\rho)\rho\sum_{i=0}^{\infty} i\times\rho^{i-1} = (1-\rho)\rho\sum_{i=0}^{\infty}\frac{d}{d\rho}\rho^i$$

$$= (1-\rho)\rho\frac{d}{d\rho}\sum_{i=0}^{\infty}\rho^i = (1-\rho)\rho\frac{d}{d\rho}\frac{1}{(1-\rho)} = (1-\rho)\rho\frac{1}{(1-\rho)^2} = \frac{\rho}{1-\rho}$$

得知系統內的平均人數之後，我們可以進一步使用「平均每人會停留於系統內的時間，等於系統內的平均人數，除以平均每單位時間出現多少顧客」這個關係式。數學表示如下：

$$\frac{\rho}{(1-\rho)\lambda} = \frac{\dfrac{\lambda}{\mu}}{(1-\dfrac{\lambda}{\mu})\lambda} = \frac{1}{\mu-\lambda}$$

機率模型的優點與侷限性

綜上所述，**當系統內的差異無法被忽視時**，使用以隨機過程為基礎的數學模型，將**可捕捉到一些直觀上難以預測之性質**。

不過要注意的是，此模型中假設的生死過程，不一定能準確描述現實世界中的系統。因為顧客出現的機率以及顧客使用完 ATM 的機率並非固定不變，有可能會因為時間點的不同而有所差異（編註：也許平日中午吃飯前，大家比較常去使用 ATM）。若是有兩台 ATM，某一台的隊伍排太久，顧客可能會選擇排另一台。

在這些假設當中，對數學分析的難易度影響最大的就是隨機過程的選擇了。馬可夫過程因為不需將過去狀態的歷史資料包含在動態行為的描述當中，因此很容易進行數學分析，但使用其他的隨機過程，將會使數學分析變得極為困難。

數值分析相對之下較易於執行

但即使是那些無法進行數學分析的複雜模型，也可以利用數值模擬來了解系統的行為，並還能擁有一定程度的準確率。在電腦上模擬機率模型的行為時，我們會使用程式產生亂數，讓模型「動起來」，使得模型在電腦裡產生類似研究對象的動作。這種做法稱為**蒙地卡羅模擬**（Monte Carlo simulation）。此外還有另一種做法，就是如圖 5.3.4 般建立機率的微分方程式，由於它會是常微分方程式，因此可以執行 4.2 節所介紹的數值積分。

馬可夫近似

經過這番介紹，相信各位已經了解馬可夫性質是對數學分析非常有利的性質了。即使實際上未滿足馬可夫性質的模型，也可以在分析時先假設

已滿足馬可夫性質，並進行近似計算。使用這種做法時，雖然必須確認計算結果與原始模型的吻合程度，但順利的話，就能得到極佳的近似值。

第 5 章小結

- 以機率描述變數行為之模型，稱為**機率模型**。

- 在馬可夫過程中，變數的機率行為只取決於前 1 個時間點的狀態。由於此性質有利於理論分析，因此應用範圍相當廣泛。

- 系統在經過一定時間後達到的穩定狀態，有利於理論分析。

- 只要取得系統狀態的機率分佈，便可從中計算出各種量的期望值。

MEMO

第 6 章

統計模型

資料一定都會有變異性。統計學則是考慮資料的
變異性,對資料進行推論。本章將從數學模型的
角度來介紹統計學所使用的模型、概念以及應用
方法。本章內容可說是資料分析的基礎,就算使
用其他類型的數學模型進行分析,也都需要具備
這些概念。

6.1 常態分佈

大富翁的結果

借用之前大富翁遊戲的範例：在大富翁[註1] 中，玩家要投擲骰子並依照點數前進，若只投擲 1 次骰子會走到哪一格呢？

以機率來描述的話，我們可以說「從走 1 格到走 6 格的機率皆是 1/6」。而這種所有可能發生事件之機率皆相同的機率分佈（也就是機率分佈呈現水平直線），稱為**均勻分佈**（uniform distribution）。

如果我們再繼續玩下去，擲了 10 次骰子之後，又會出現什麼樣的結果呢？

首先，前進最少的情況就是每次都擲到 1，這樣總共只會前進 10 格。而前進最多的情況則是每次都擲到 6，這樣總共會前進 60 格。不過這時候的機率分佈還會跟第 1 次一樣都是均勻分佈嗎？

實際上，它會變成一個以 35 為中心的山形[註2]，如圖 6.1.1 中間所示。由於擲 1 次骰子時，得到的值平均為 3.5（編註：總和 21 點除以 6），因此擲 10 次後，加起來大約會變成 35，這也和我們的直覺是相符的。

註1　此處忽略遊戲中「前進 3 格」或「休息 1 次」等的指示。此外也假設終點距離非常遠，遠到在我們此處討論的點數範圍之內都不可能抵達。

註2　此處利用的是蒙地卡羅模擬。在 Excel 中輸入"=RANDBETWEEN(1,6)"，也是一個簡單的「投擲」骰子的方法。

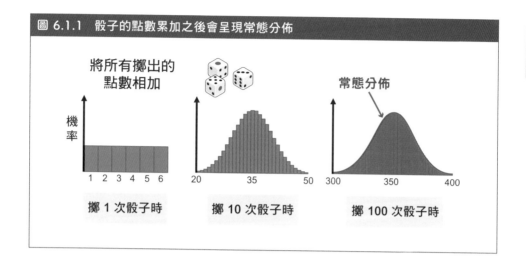

圖 6.1.1 骰子的點數累加之後會呈現常態分佈

將所有擲出的點數相加

機率

1 2 3 4 5 6

擲 1 次骰子時

20 35 50

擲 10 次骰子時

常態分佈

300 350 400

擲 100 次骰子時

常態分佈是機率分佈的基礎

現在我們再更進一步，連續投擲 100 次看看（圖 6.1.1 右側）。結果會發現同樣會出現類似於投擲 10 次時的形狀。其實只要一直繼續投擲下去，機率分佈就會逐漸趨近於**常態分佈**（normal distribution）註3。而且雖然這次累加的是均勻分佈的隨機變數，但即使是累加很多非均勻分佈的隨機分佈，最後也會趨近於常態分佈註4。這稱為**中央極限定理**（central limit theorem）註5。簡單來說，就是無論使用何種分佈（除了**極端**狀況），只要將同一種分佈的獨立隨機變數累加起來，其總和的分佈就會接近於常態分佈。除此定理之外，現實世界當中也有許多事物的分佈都接近於常態分佈。因此由這個角度來看，我們應該可以說常態分佈即為機率分佈之基礎。

註3 另一個也經常使用到的詞為**高斯分佈**（Gaussian distribution）。

註4 若機率分佈（因發散而）不存在變異數，則會收斂成另一種分佈（編註：比如屬於 $1/|x|^{\alpha+1}$ 冪律尾分佈具有無限大的變異數，將許多冪律尾分佈相加後會收斂成 Levy skew alpha-stable distribution）。

註5 嚴格來說，若有 n 個獨立的隨機變數，皆有相同、有限期望值與變異數之分佈，則其總和將在 $n \to \infty$ 的極限處收斂為常態分佈。

常態分佈的定義

　　常態分佈有 2 種參數：**平均值**（mean）與**標準差**（standard deviation）。**平均值**是用來表示具有該分佈之隨機變數的平均大小為何；**標準差**則是用來表示隨機變數之值的分散程度為何。若以機率分佈的圖形來說的話，它們分別對應的就是山頂的位置[註6] 以及山丘的平緩程度。一般來說，我們都會以 μ 來表示平均值，σ 來表示標準差。而平均值為 μ，變異數[註7] 為 σ^2 的常態分佈，則會表示為 $N(\mu, \sigma^2)$。其中平均值為 0、標準差為 1，以 $N(0,1)$ 表示的常態分佈，稱為**標準常態分佈**（standard normal distribution），在許多地方都被視為基本的常態分佈。

　　常態分佈可由圖 6.1.2 中的公式來表示。第一次接觸到此式的讀者，建議先將它的公式記住。

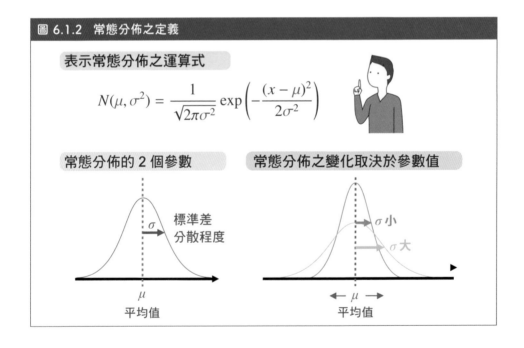

圖 6.1.2　常態分佈之定義

表示常態分佈之運算式

$$N(\mu, \sigma^2) = \frac{1}{\sqrt{2\pi\sigma^2}} \exp\left(-\frac{(x - \mu)^2}{2\sigma^2}\right)$$

常態分佈的 2 個參數

σ　標準差　分散程度

μ　平均值

常態分佈之變化取決於參數值

σ 小
σ 大

μ　平均值

註6　若是呈現 2 座山以上的機率分佈，其山頂位置就不一定會與平均值一致了。

註7　此為標準差之平方，同樣是用來表示分散程度。

不同常態分佈的相加結果也是常態分佈

常態分佈還有許多不同的特徵，其中之一是具有稱為**相加性**之性質。舉例來說，假設 A 和 B 兩個人都在生產線上工作。我們先測量 A 的作業時間，並假設它會呈現平均值 100 分鐘、標準差 15 分鐘的常態分佈。同時也假設 B 的作業時間為平均值 200 分鐘、標準差 20 分鐘的常態分佈（圖 6.1.3）。此時，若測量 A 將自己的工作完成後交給 B，B 再接續完成整個作業的時間，則其結果將會是一個平均值 300 分鐘、標準差 25 分鐘的常態分佈。換句話說，當我們要將 A 的常態分佈 $N(100, 15^2)$ 與 B 的常態分佈 $N(200, 20^2)$ 合併之時，只要將兩者的平均值與變異數各自相加，即可獲得 $N(100 + 200, 15^2 + 20^2) = N(300, 25^2)$ 的常態分佈[註8]。不過此性質並不適用於其他大部分的分佈。

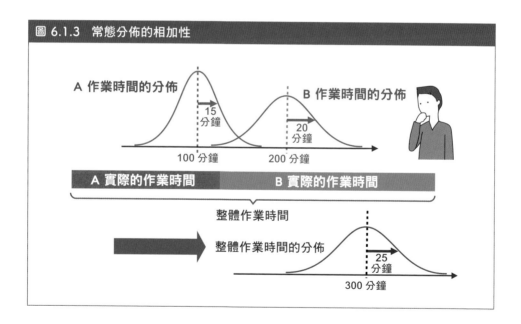

圖 6.1.3 常態分佈的相加性

A 作業時間的分佈
B 作業時間的分佈
15 分鐘
20 分鐘
100 分鐘
200 分鐘

A 實際的作業時間　　B 實際的作業時間

整體作業時間

整體作業時間的分佈
25 分鐘
300 分鐘

註8　請注意，此處不是把 A 的常態分佈跟 B 的常態分佈兩張圖疊在一起。這邊所指的是將 A 的隨機變數跟 B 的隨機變數相加。比如某一次量測 A 的作業時間是 101 分鐘、B 的作業時間是199 分鐘，相加之後是 300 分鐘。

常態分佈的平方和會是什麼呢？

我們現在已經知道原為常態分佈的隨機變數，在相加之後會變成另一種常態分佈了。那麼如果將它們各自平方之後再相加，會得到什麼樣的結果呢？

很可惜地，並不會是常態分佈。但我們已知該總和將會是 χ^2 **分佈**（讀作「卡方」分佈）。此外，若將 2 個皆為 χ^2 分佈的隨機變數相除，則其結果將會是 **F 分佈**。

這些分佈在下一節要說明的統計檢定中都會派上用場。我們現在只要知道「若將由常態分佈產生的隨機變數相加、相除或取平方後再相加，其計算結果都會成為其他特定的分佈」即可。由於常態分佈是所有分佈之基礎，因此若要使用常態分佈進行各種計算，就必須先了解以這些方式衍生出的其他分佈。

6.2 統計檢定

針對差異進行討論

我們所得到的資料，一定都會伴隨著誤差。但是在統計學的框架之下，我們可以藉由關注這種差異的發生機率，來評估**資料所呈現出來的特徵是碰巧發生，還是無法以巧合解釋（即具有一定的意義）**。

資料實際的機率分佈，稱為**真實分佈**（true distribution）。我們在進行資料分析時，其實是想要正確地了解真實分佈，但實際上可取得的資料卻有限。因此當我們想要根據有限的資料進行推論時（比如說某變數的平均值在條件 B 之下會比條件 A 之下來得大），就必須先了解從手邊資料導出的結果，有多大可能不是巧合。

巧合的機率

我們來看看具體實例吧！假設我們總共投擲了 20 次硬幣，其中有 16 次是正面。一般來說，投擲硬幣的結果應該是正、反兩面各有 1/2 的機率，但現在卻出現了 16 次的正面，這樣還能算是「巧合」嗎？接下來我們可以使用統計檢定來檢查是否為巧合。

我們現在懷疑是負責投擲硬幣的人對那枚硬幣做了一些手腳，才讓正面的出現機率變高。以邏輯來說，應該會有以下 2 種可能性：

(1)　硬幣並沒有被動手腳，正面出現的機率還是 1/2，只是這次**剛好**出現 16 次正面而已。

(2)　硬幣被動了手腳，正面出現的機率並非 1/2，因此才會出現 16 次正面。

　　雖然我們懷疑是 (2) 中所敘述的情形，但要直接證明這點是很困難的。因為硬幣出現正面的真實機率除了 1/2 以外，還有無限多種的可能。但相反地，(1) 的情形中正面的真實機率即為 1/2，相對來說會比較容易處理。因此我們採用的策略就是去證明「並不是 (1)」。(1) 的情況稱為**虛無假說**（null hypothesis）。簡單來說，就是「並未發生任何特殊狀況，只是剛好出現了這樣的結果」的假設。

　　另一方面，(2) 則稱為**對立假說**（alternative hypothesis），通常就是我們想要證明的推論。現在，為了證明不是 (1)，我們必須要計算出碰巧發生 (1) 的機率會是多少。但這邊有個重點是，我們並不會直接去計算它的機率。因為直接計算投擲硬幣 20 次，並出現 16 次正面的機率，雖然可以得出 $p = C_{16}^{20}(1/2)^{20} = 0.00462$ [註9]，但我們沒有一個標準可以來評估這個機率是夠大還是夠小[註10]。因此我們需改為計算「出現小於 16 次正面的機率是多少？」以本例來說，此機率可以算出為 p = 0.9941。這代表的意思是，若投擲一枚未動過手腳的硬幣 20 次，正面出現 1 次到 15 次的機率約為 99.4%，而出現 16 次的事件則不在此範圍之內。換句話說，發生虛無假說的機率約為 0.6%。

註9　此計算方式在一般高中數學教科書內都會提到，因此此處省略詳細說明。

註10　比如說，若我們投擲一枚正面出現機率為 1/2 的硬幣 1000 次，而正面出現了 500 次，看起來硬幣似乎是毫無偏差，但實際上這種事件的發生機率為 p = 0.0252。這樣的機率算是「夠大」嗎？

在虛無假說成立的情況下，資料中的事件發生機率稱為 **p 值**（p-value）。此範例中 p 值非常的低，幾乎不太可能會發生。換句話說，由於接受假說 (1) 就代表只是碰巧發生了一件機率低到無法解釋的事件，因此另外一個假說 (2) 才是正確的。於是我們可以得出結論：硬幣出現的機率與 1/2 有**顯著**（significant）的差異。

不過要決定這些計算出來的機率要小到多小才能說無法視為巧合，就必須要設定一個標準。這稱為**顯著水準**（signicance level），可表示如 $\alpha = 0.01$。採用此顯著水準，即表示若 p 值低於 0.01，就無法再以巧合解釋，應該要**拒絕**虛無假說。至於這個 α 應該設定為多少，則會根據領域而有所不同，但通常會使用 $\alpha = 0.05$ 或 $\alpha = 0.01$。

▌ 平均值的相關檢定

接著我們進一步來看看使用實際資料所進行的檢定吧！首先假設進行檢定之資料，是由常態分佈所生成。這是統計檢定中經常使用的假設。請注意，這也表示我們已假定了某種數學模型。

以下就以一份由 n 個數值所組成的資料為例，試著利用檢定看看「此資料之真實機率分佈的平均值是否與某個特定值 μ 有異」吧[註11]！此處假設該真實機率分佈的變異數 σ^2 是已知。

首先利用資料計算出平均值，並令其為 $\overline{X}$ [註12]。這稱為**樣本平均數**（sample mean）。接著再做以下計算：

$$Z = \frac{\overline{X} - \mu}{\sigma / \sqrt{n}} \tag{6.2.1}$$

註11　比如 $\mu = 0$，我們就可評估生成資料之機率分佈的平均值是否非 0。

註12　將 n 個數值全部相加之後再除以 n 即可獲得。

Z 代表「資料的平均值與目前欲比較之值 μ 之間的差異有多大」。由於樣本平均數在資料差異程度很大或 n 很小時，會很容易偏離 μ，因此等式右邊的分母具有修正之含意。當虛無假說成立時（即資料是由平均值 μ、標準差 σ 之常態分佈獨立生成），已知此 Z 將呈現標準常態分佈 $N(0,1)$。因此我們便能像之前投擲硬幣的範例一樣，評估此差異之發生機率。

用於檢定的量，如此處的 Z，稱為**檢定統計量**（test statistic）。由於從資料計算出的檢定統計量，基本上都會呈現特定的機率分佈，因此我們在使用統計檢定進行分析時，便可利用此特性來評估該值發生的機率。但要注意的是，若未能正確假設資料的真實分佈（通常是常態分佈），則統計檢定量就不一定會呈現我們假設的分佈了 [註13]（編註：若假設資料是常態分佈但實際上不是，則計算出來的 Z 分佈實際上不是常態分佈。這時候如果還是使用常態分佈的觀點去計算檢定統計量，所得出來的結論不一定正確）。遇到這種情況時，通常會改為使用**無母數檢定**，這是一種無關分佈的統計檢定法。

▋ 統計檢定並非萬能

其實統計檢定所根據的邏輯只能說明：「就虛無假說而言，資料中的事件為偶然發生之機率太低了」。因此以此方式得出的結論，必然會有些侷限性。

首先，無法拒絕虛無假說，不等於已證明了虛無假說是正確的。這只代表我們不能說虛無假說無法解釋，但是也沒有說虛無假說就是正確的（其實就是什麼都沒說），這點請務必要注意！

註13　能夠評估資料有多接近常態分佈（常態性）的方法有很多種，可以根據不同需求來使用。

　　此外，雖然在顯著水準為 $\alpha = 0.05$ 時接受對立假說，是因為「若以虛無假說來解釋的話，資料發生的機率會是 5% 以下」，但反過來說，即使是不接受虛無假說，但根據虛無假說每 20 次仍然可能會出現 1 次我們資料的結果（16 次正面）。因此只要對資料進行多次統計檢定，就有可能碰巧出現在計算上為顯著的情況[註14]。

小編補充　多次統計檢定的問題，我們用一個範例來展示。假設台灣 22 個縣市的人，其身高的分佈都是同樣的常態分佈（虛無假說），且平均數 μ 跟標準差 σ 是已知。有一個外國人來到台灣，他想證明台灣不是每個縣市的身高都是同一個常態分佈，換句話說，這位外國人想要找一組人的身高資料，用平均數 μ 跟標準差 σ 的常態分佈產生這組身高資料的機率低於 5%。

於是乎這位外國人從北到南每到一個縣市就隨機抽樣 10 個人，然後用平均數 μ 跟標準差 σ 的常態分佈計算產生這 10 個人身高資料的機率。走到第 20 個縣市後隨機抽樣 10 個人，用平均數 μ 跟標準差 σ 的常態分佈計算這組身高資料產生的機率低於 5%。所以這位外國人覺得他才對，也就是虛無假說不成立，對立假說才是正確。

也許讀者已經發現：只要重複在路上找 10 個人，終究有可能找到一組資料，其用平均數 μ 跟標準差 σ 的常態分佈計算這組身高資料產生的機率低於 5%，也就是說，只要一直做實驗，終究可以駁回虛無假說，然而這種統計推論可能無法提供我們有用的資訊。

註14　因此當需要執行多次檢定時，就必須採取一些修正措施來避免這種問題的發生。順帶一提，由於研究者在發表論文時，經常只提出顯著的結果，讓一些碰巧成為顯著的結果「特別」呈現出來。這其實起因於一種便宜行事的想法，認為只要將 p 值降到 0.05 或 0.01 以下就沒有問題了，但是卻導致各領域中都充斥著沒有再現性的研究結果，這在目前也被視為一個有待解決的問題。

型一錯誤（Type I Error）及型二錯誤（Type II Error）

統計檢定可能會產生兩種我們不想要的結果（圖 6.2.1）：第一種是虛無假說其實是正確的，卻誤被拒絕的情況，稱為**型一錯誤**（type I error）。以投擲硬幣的例子來說的話，就是明明投擲的是沒有動過手腳的硬幣，卻因為湊巧出現了多次正面，而做出「此硬幣有被動過手腳」之結論的情形。在統計檢定中，導出這種錯誤結論之機率即為 α。

另一種則是雖然對立假說才是正確的，卻未能拒絕虛無假說之情況，稱為**型二錯誤**（type II error）。以投擲硬幣的例子來說的話，就是明明硬幣有被做過手腳，但若只投擲 20 次左右，會無法與一般硬幣區別之情形。若假設發生型二錯誤的機率為 β，則得出正確結論之機率 $1-\beta$ 便稱為**檢定力**（power）。在統計檢定中，想要同時縮小 α 和 β 是不可能的。我們在 14.2 節中還會再針對相關主題進行討論。

圖 6.2.1　統計檢定的結果與錯誤

檢定結果＼真相	虛無假說是正確的	對立假說是正確的
接受虛無假說	真陰性 true negative	偽陰性 false negative（型二錯誤）
拒絕虛無假說（= 接受對立假說）	偽陽性 false positive（型一錯誤）	真陽性 true positive

▍執行統計檢定

　　本書由於篇幅有限，只介紹了少數幾種統計檢定，但其實統計檢定的方法還有很多[15]，可以根據需要處理的資料類型來選擇。而且目前執行這類統計檢定所需的軟體也非常齊全。其中最常使用到的是 R。此外，大多數的分析也可利用 Python 中的 SciPy 等函式庫。若只是簡單的分析的話，使用 Excel 也是可以。另外，由清水裕士（Hiroshi Shimizu）所開發及公開的 HAD，是一款以 Excel 為基礎的免費軟體，因為即使是平常不會寫程式的使用者也很好上手，因此相當受歡迎。付費軟體則有 SPSS、JMP 及 BellCurve for Excel 等。其實一般分析方法每款軟體幾乎都有支援，基本上用哪一套都沒差，主要差別是在於能否支援特殊的統計方法。

註15　有興趣的讀者可以參考以下 2 本書籍：一本是東京大教養部統計教室所出的「統計学入門」（東京大学出版会），這是本內容相當紮實的入門書；另一本則是田正和與阿部真人的「Rで学ぶ統計学入門」（東京化学同人），此書的講解重點則在於實作。

6.3　迴歸分析

▌線性模型的效度

　　我們在 3.1 節中已經介紹過線性模型了。它是一種可以將某個變數之值以其他變數之線性組合來表示的模型。本節中，我們將以統計模型的角度對線性模型做進一步的檢視。

▌即便都是線性模型 ……

　　我們現在來看看在 2 種條件之下分別取得的資料特徵。第 1 份資料和第 2 份資料都是由同樣的變數 X 與 Y 之值所組成。兩者分別繪製而成的圖形如圖 6.3.1 所示。以最小平方法進行線性迴歸後，可得到解釋 2 份資料的關係式皆為 $Y = 0.5X$。但比較兩者之後會發現，雖然方程式是相同的，但資料 1 中資料的分散程度較低，看起來似乎可用線性模型得

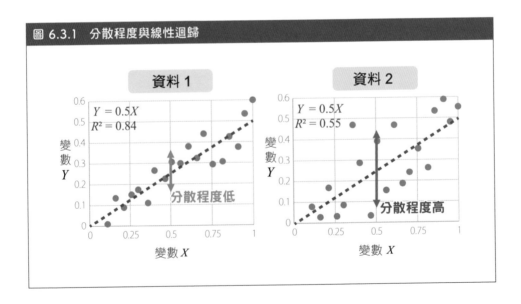

圖 6.3.1　分散程度與線性迴歸

到相當合理的解釋。資料 2 的分散程度較高，有些資料點距離線性模型的預測很遠，因此這個模型就比較難解釋資料 2。

這麼說來，我們能夠比較和評估這 2 個線性模型的「好壞」嗎？

為了進行比較與評估，我們要執行的步驟如下。首先假設資料中第 i 個資料點為 (x_i, y_i)，並將各資料點與經迴歸所得之關係式 $Y = 0.5X$ 之間的差值（殘差）e_i 寫進關係式中。

$$y_i = 0.5x_i + e_i \qquad (6.3.1)$$

我們先只考慮 y_i（圖 6.3.2）。由於此 y_i 有許多不同的值，因此我們要評估這種分散的情形究竟是由 X 之值的差異所造成，還是由其他因素（此處表示為 e_i）所造成。

當我們在看 y_i 的分散程度有多少比例是由 e_i 所引起時，應該可以想見其影響程度越小，迴歸方程式（6.3.1）就越能解釋 y_i 值的分散。但由於我們希望評價指標是「值越大，吻合程度便越高」，因此便將**決定係數**（coefcient of determination, R^2）定義為 1 減去由殘差造成的分散程度（圖 6.3.2）。這樣決定係數之值越接近 1，就表示吻合程度越高[註16]。

實際上在圖 6.3.1 中，吻合程度較高的資料 1 也得到了較大的 R^2 值 0.84，而資料 2 的計算出來的 R^2 值則較小，為 0.55。

註16 R^2 會給人一種不會比 0 還小之值的印象，但實際上若是一個吻合程度太差的模型，該值仍有可能會是負的。

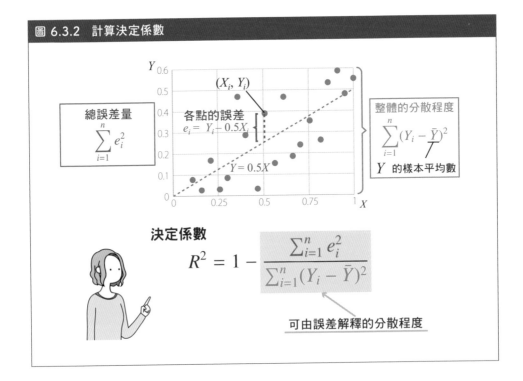

圖 6.3.2　計算決定係數

利用皮爾森相關係數 （Pearson's Correlation coefficient）進行評估

皮爾森相關係數（Pearson's correlation coefficient）同樣是常用來衡量資料之間的線性關係（圖 6.3.3）。它可以量化 2 個變數共同產生變化之程度，並以下式表示：

$$r = \frac{\sum_{i=1}^{n}(X_i - \overline{X})\sum_{i=1}^{n}(Y_i - \overline{Y})}{((\sum_{i=1}^{n}(X_i - \overline{X})^2)(\sum_{i=1}^{n}(Y_i - \overline{Y})^2))^{1/2}} \quad (6.3.2)$$

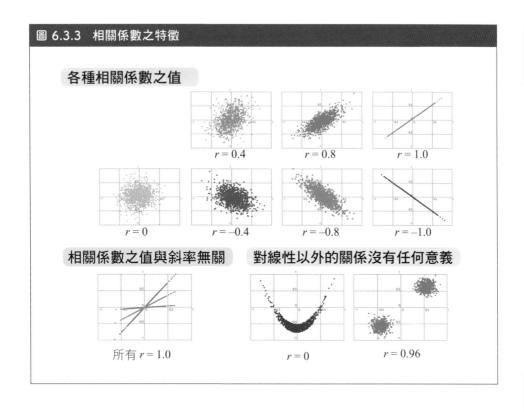

圖 6.3.3 相關係數之特徵

各種相關係數之值

$r = 0.4$　　$r = 0.8$　　$r = 1.0$

$r = 0$　　$r = -0.4$　　$r = -0.8$　　$r = -1.0$

相關係數之值與斜率無關　　**對線性以外的關係沒有任何意義**

所有 $r = 1.0$　　$r = 0$　　$r = 0.96$

　　此 r 之值會介於 -1 與 1 之間，其絕對值越大，即表示線性模型的吻合程度越高。當 r 值為正時，表示一個變數變大，另一個變數也會跟著變大，兩者之間為**正相關**；相反地，當 r 值為負時，代表一個變數變大，另一個變數則會變小，兩者之間為**負相關**。此外，皮爾森相關係數是不用具體執行線性迴歸，也可以計算出來的量。但要注意的是，此 r 值的大小與透過線性迴歸得到的直線斜率並無直接相關，它只能表示「可利用線性關係解釋資料之程度」。此外，當資料呈現非線性且複雜的分散方式時，就無法再利用相關係數之值來解釋了（圖 6.3.3 下方）。

　　其實在進行線性迴歸時，此相關係數之值的平方 r^2，會與上述決定係數 R^2 之值一致，這點建議各位可以記起來。

▍可以單憑吻合程度就做出結論嗎？

　　我們已經介紹完幾款可以評估線性迴歸吻合程度之好壞的指標了，也知道決定係數與相關係數之值越大，就代表線性模型越能夠合理地解釋資料。但光憑這樣其實還是不夠的！

　　圖 6.3.4 顯示了對新資料同樣進行線性迴歸的結果。這 2 份資料都具有相同的迴歸方程式與決定係數。但資料 4 的資料點明顯較少，因此也有可能只是碰巧排在一直線上。這種時候，我們也能針對資料 4 做出變數 X 與 Y 之間存在線性關係的結論嗎？

　　當碰到這種情形時，就是統計檢定出場的時候了！統計檢定有 2 種方法可以實行，一種是根據相關係數 r，另一種則是根據迴歸得到之方程式的係數 β（稱為**迴歸係數**）。

　　首先，假設線性迴歸方程式與各資料點之間的誤差 e_i 皆由相同的常態分佈 $N(0,\sigma^2)$ 隨機生成。接著再設定相關係數 $r=0$（以迴歸係數 β 進行檢定時，則設定 $\beta=0$）為虛無假說。簡而言之，我們要評估的就是變數 X 與 Y 之間其實不存在線性關係，只是恰巧看似有線性關係的機率為何。已知根據 r（或 β）建立檢定統計量時，其分佈稱為 t **分佈**（使用 t 分佈進行的檢定則稱為 t **檢定**（t-test））。我們可以根據此機率分佈來評估計算所得之 r 或 β 值是否可視為偶然發生。

　　而實際針對圖 6.3.4 中的資料進行統計檢定之後[註17]，可以得到資料 3 的 $p=2.5\times10^{-8}$，在 $\alpha=0.05$ 時為顯著，而資料 4 則是 $p=0.069$，為不顯著的結果[註18]。

註17　只要在 Excel 中選擇「資料」→「資料分析」→「迴歸」，便可輕鬆實行統計檢定，若找不到相關工具，可以到「增益集」裡面新增「分析工具箱」。

註18　無論是利用 r 還是 β 進行統計檢定，所得到的結果都會是相同的。

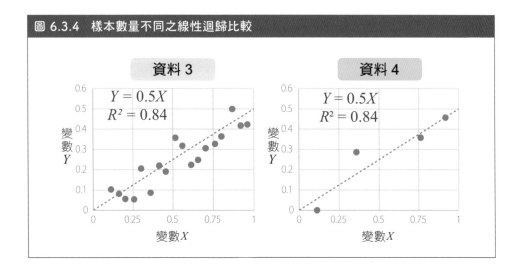

圖 6.3.4　樣本數量不同之線性迴歸比較

在變數數量增加時，使用多元迴歸分析

　　我們已經介紹完只有 1 個目標變數（Y）與 1 個解釋變數（X）的線性模型（稱為**簡單線性迴歸**）了，至於有多個解釋變數時，我們經常會使用的是**多元迴歸分析**（3.1 節）。本節所介紹的概念在變數數量增加時，也幾乎都可以適用。當有多個解釋變數時，我們可藉此方式來評估各因素與目標變數之間為相關或不相關。

非線性模型

　　線性模型其實有以下 2 種強勢假設[註 19]：

- 變數間的關係可由線性（直線）關係式表示

- 誤差永遠為同樣的常態分佈

註19　當模型的限制條件較嚴格時（僅適用於特殊情形），稱為「強勢」假設。相反地，限制條件較寬鬆時，稱為「弱勢」假設。

但事實上，這種假設通常是無法成立的。

舉例來說，假設我們統計某間便利商店的 ATM 在上午時段每個小時的來客數（圖 6.3.5）。圖中是針對早上 5 點到 6 點、7 點到 8 點、⋯⋯、10 點到 11 點等，各時間帶的來客數進行 10 天的計數後所得到的結果。從這些資料可以看出，雖然凌晨時段幾乎沒有來客，但一過 10 點來客數就會立刻增加。當我們將線性模型套用在此資料上時，會得到圖 6.3.5 左側的結果。其吻合程度不僅不佳，5 點到 6 點的來客數甚至還變成了負值。而且另一個問題點是，在來客數較多的時間帶內，資料的分散程度也隨之增加了。

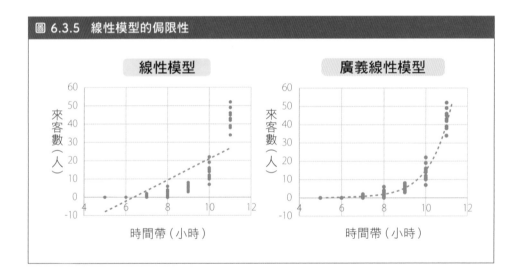

解決此問題的其中一種方法是使用**廣義線性模型**（generalized linear model）。我們可以假設從 x 點到 $(x+1)$ 點的顧客出現的機率為 λx 的卜瓦松過程（而非常態分佈）。由於此過程可以將顧客出現的分佈情形表現得很好（這已在 5.3 節的排隊理論中說明過），因此使用時不會出現負值，差異（變異數）也會與出現機率成正比。

在此例中，我們假設抵達率如下式所示[20]：

$$\lambda_x = e^{(\beta_1 + \beta_2 x)} \qquad (6.3.3)$$

其中 β_1 及 β_2 為參數。我們可以透過推測此模型的參數，得到比線性模型更能解釋資料的結果，如圖 6.3.5 右側所示。

廣義線性模型可使用的方程式形式與機率分佈種類皆較多，而且根據資料性質的不同（例如此例需要計算隨機事件的發生次數），也都有適合使用的函數[21]。因此建議在需要處理明顯偏離一般線性模型的資料時使用廣義線性模型，應該能獲得較理想的結果[22]。

第 6 章小結

- 常態分佈為機率分佈的基礎，應用範圍相當廣泛。

- 統計檢定是利用假設的機率模型，針對資料背後的真實分佈進行推論之過程。

- 線性模型之效度可以透過統計檢定進行評估。

- 廣義線性模型為資料的非線性分佈提供了更多選擇的自由。

註20　此處先暫時不討論使用這種指數函數的原因。

註21　此處雖未詳述，但可以用來表示分散情形的函數，僅限於指數分佈。

註22　若有興趣閱讀專門討論廣義線性模型的入門書，可以參考久保拓的「データ解析のための統計モデリング入門」（岩波書店）。

第二篇 摘要

我們在第二篇當中講解了方程式模型、微分方程式模型、機率模型與統計模型的基礎知識與重要概念。其中提到的最佳化、微分方程式、穩定性、隨機過程、穩定狀態分析與統計檢定等，對於理解第三篇中涵蓋的更高級模型都有很大的助益。

雖然與數學相關的內容較多，對於平時不常接觸運算式的讀者來説可能會有點辛苦，但我們刻意只挑選了其中最基本、一定需要了解的概念出來介紹，而且也試著讓敘述能夠更容易理解，因此希望各位都能盡可能地將這些內容先消化完，再繼續往下閱讀。

第三篇
進階數學模型

在第三篇當中,我們將解說時間序列模型、機器學習、強化學習、多體系統模型、代理人基模型等實務上常用的模型。這些模型的防守範圍與優勢不一樣,在正確使用的情況下效果都不錯。此外,我們也將介紹幾種在分析複雜系統時,非常重要的技術,如降維法、網路科學及非線性時間序列分析等。掌握這些知識,可以讓我們針對問題採取適當的方法。

第 7 章

時間序列模型

「時間序列資料」代表的是某種量的時間變化，
我們經常可在各種不同的場景中發現它們的蹤
跡。由於時間序列資料出現其他類型資料所沒有
的特殊性質，因此在分析時必須要特別留意。本
章除了會介紹適合這種性質的分析法，也會說明
我們可以從中提取出何種資訊。

7.1　時間序列資料之結構

各種類型的時間序列

　　時間序列其實有許多不同的類型，圖 7.1.1 [註1] 所顯示的是其中幾個例子。

- 位於圖 7.1.1 上方的 2 個圖表分別為飛機乘客數與英國瓦斯使用量的逐年變化。可看出兩者的整體趨勢皆隨著社會的發展而逐漸增加。此外，由於人們在夏季與冬季的行為模式不同，其所帶來的影響也會在每一年間以同樣的形式出現，因此圖中也可看出具規律性的鋸齒狀波動（循環變動）。

- 從德國平均股價變化的資料當中（圖 7.1.1，左中），雖然也可看出整體呈現上升趨勢，但鋸齒狀波動的大小參差不齊，無法看到有週期性的特徵。

- 心音資料（圖 7.1.1，右中）是以值為 0 的無聲狀態為基準，於聲音出現的瞬間繪製出波形。

- 具混沌（chaos）性質的時間序列與隨機時間序列（圖 7.1.1，下方）看起來都相當混亂，我們能夠從中提取出有意義的量嗎？

註1　乘客資料、瓦斯使用量和德國平均股價的資料，分別來自於 R 的樣本資料集「AirPassengers」、「UKgas」與「EuStockMarkets」。心音資料來自於密西根大學醫學院發布的開放資料（http://www.med.umich.edu/lrc/psb_open/html/menu/index.html）。混沌時間序列與隨機資料則是人工生成的資料。

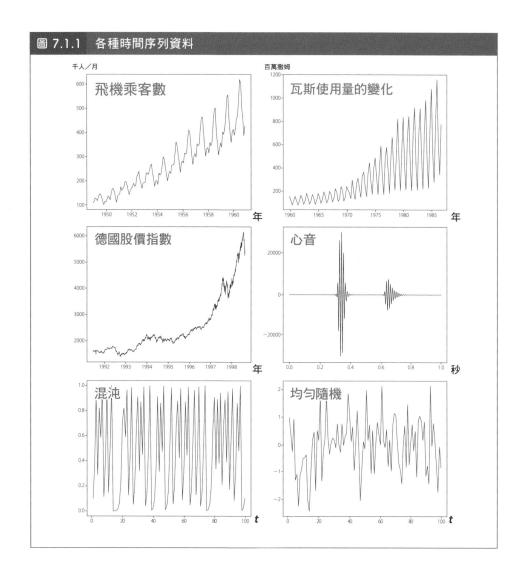

圖 7.1.1　各種時間序列資料

各種類型的分析法

　　圖 7.1.1　列出的雖然只是時間序列資料中的極小部分，但相信各位已經可以看出其種類的多樣性。也因此，時間序列資料的分析會有幾種從根本上就完全不同的方法，我們必須確實了解問題及目的，才能挑選出適當的分析方式。以下將簡單介紹幾種時間序列中需要特別關注的性質以及相關的基本概念。

趨勢＋循環成分＋雜訊

當我們在較長時間範圍內觀察時間序列資料，其逐漸增加或減少的傾向，稱為**趨勢**（trend）。比如說一開始介紹的飛機乘客數與瓦斯使用量的資料，在整體上都呈現了增加的趨勢。而在較短時間範圍內觀察時間序列資料，則可看出週期性的變化，比如說每年都會出現形狀類似的鋸齒狀波動。因此**當我們要概略說明這種資料的行為時，便可說資料在整體上有增加趨勢，並且有鋸齒狀的週期變動**。若資料中還有不能以此方式說明的誤差，則將其視為雜訊（圖 7.1.2）。這種描述資料的方式，對某些問題來說非常適用。

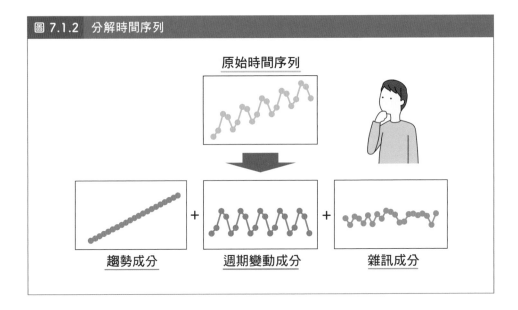

圖 7.1.2　分解時間序列

原始時間序列

趨勢成分　＋　週期變動成分　＋　雜訊成分

頻率成分

另外有些問題則適合將時間序列資料視為波形的集合來提取資訊。如圖 7.1.3　所示，「波」在數學上可以三角函數　sin（cos）或與其等效的複數指數函數來表示（圖 4.1.3　中也曾出現過）。波的密集程度稱為**頻率**

（frequency），頻率會影響音高。由特定原因引起的振動或聲音，皆有可能產生出獨特的頻率。因此查看**資料中含有多少某種頻率的波形**，也是一種非常有效的策略。

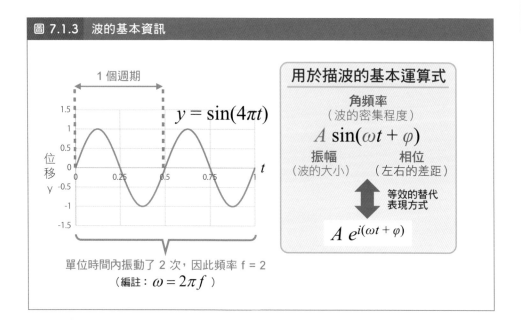

圖 7.1.3 波的基本資訊

當具有特定的非線性結構時

我們在 4.2 節中曾經簡單介紹過以非線性微分方程式來描述的系統。當時間序列的背後隱藏著這種非線性的結構時，只用上述單純的分析法可能會無法順利地得到結果。但若是能充分利用部分非線性系統所含有的特徵，有時反而還能進行更好的分析結果。這種分析方式稱為**非線性時間序列分析**。

時間序列是否穩定

接下來要說明的是分析時間序列資料時的**穩定性**概念。

許多分析法都會將時間序列視為由隨機過程所產生的觀察值。但是當資料背後的隨機過程也會隨著時間變化時，這類分析法就不適用了。「隨機過程也會隨著時間變化」指的是像平均值、變異數、或時間結構上所發生的變化[註2]。此外像是明顯的趨勢，或週期性受到外部影響等狀況，也都可歸類在內。因此當時間序列具非穩定性質時，能否將其移除或妥善地包含在模型當中，就是分析的關鍵。

進行統計檢定時，不可將時間視為解釋變數

就如標題所說的，我們不能將目前關注的變數（如飛機乘客數等）視為時間函數，也不能以之前的方式進行線性迴歸或統計檢定。

因為，採取這種做法將會引導出錯誤的結論。許多統計檢定都會假設雜訊值為常態分佈，或相鄰點的雜訊值之間並無相關。但是在時間序列的資料當中，相鄰點之間可能會有關連，也可能會有週期性的波動。因此建模時必須將這些結構完整包含在內，才能引導出適當的結論[註3]。

註2　若時間序列背後的機率分佈完全不隨時間變化，即稱為強定態。若平均值、變異數與自相關（7.4 節）不隨時間變化，則稱為弱定態。大多數情況下，一般的分析都只要求為弱定態。

註3　時間序列的雜訊之間有無關連，可藉由統計檢定判斷（編註：比如Box-Ljung Test）。

7.2 使用可觀測變數之模型

可用於預測之模型

我們在分析時間序列資料時想要達成的目標之一，就是根據過去的資料來預測未來。為了達成此目的，我們用模型儘量產生一模一樣的歷史時序資料，再利用該模型來產生預測值。而模型捕捉資料基本性質的能力，將會影響到預測的準確率。

因此本節將從最基本的模型開始，一路介紹到可以實際應用的模型。這些分析作業本身都已有非常齊全的函式庫可供使用，因此各位在執行時並不需要自己從頭實作。由於篇幅有限，本書在介紹時將著重於模型的摘要與概念，至於分析範例就不會特別提出了。對實際分析範例有興趣的讀者，不妨查看我們在參考文獻當中所列出的書籍（編註：中文版有附贈範例程式，大家可以下載來試試看）。

自我迴歸模型（Autoregressive Model, AR 模型）

由於時間序列資料中的資料點之間都會有某些時間上的關連性，因此我們在建立模型時第一個會想到的方法，當然就是將這種關係模型化。最簡單的做法，就是以數學式將某個時間點的變數值 x_t 與其前一個時間點的變數值 x_{t-1} 之間的關連性表現出來：

$$x_t = c + \phi x_{t-1} + \varepsilon_t \tag{7.2.1}$$

其中　c　與　ϕ　為模型參數，ε_t　為雜訊項，並假設每個雜訊皆由平均值為 0、變異數為　σ^2　的機率分佈獨立生成。這種雜訊稱為**白噪音**（white noise）[註4]。若將此模型視為機率模型，則也可以說　x_t　是由平均值為 $c + \phi x_{t-1}$、變異數為　σ^2　的雜訊分佈所生成。這種模型稱為**自我迴歸模型**（autoregressive model），縮寫為 **AR 模型**。一般使用時若不只看到前 1 個時間點，而是會追溯到　p　個時間點前的變數時，則可用　$AR(p)$　來表示該模型。

$$x_t = c + \phi_1 x_{t-1} + \phi_2 x_{t-2} + \cdots + \phi_p x_{t-p} + \varepsilon_t \qquad (7.2.2)$$

此模型為本節將介紹的所有模型之基礎。自我迴歸模型的變數也可以直接擴展成含有多個變數的向量，這種模型稱為**向量自我迴歸**（vector autoregressive, VAR）**模型**。

自我迴歸移動平均模型
(Autoregressive Moving Average Model, ARMA 模型)

自我迴歸模型的假設是加進變數中的雜訊在每一個時間點上都是獨立，我們現在稍微做點改變，假設某個時間點上的雜訊所帶來的影響會延續到 q 個時間點後，數學式可以改寫成：

$$x_t = c + \sum_{i=1}^{p} \phi_i x_{t-i} + \varepsilon_t + \sum_{i=1}^{q} \psi_i \varepsilon_{t-i} \qquad (7.2.3)$$

此模型稱為**自我迴歸移動平均模型**（autoregressive moving average model, ARMA model）。而在本次變動中加入的過去雜訊項，則稱為**移動平均**（moving average）。這種做法可以將一般線性迴歸無法表現出的雜訊間的關係性也呈現出來。此模型可使用　$ARMA(p, q)$　來表示。

註4　分佈的形狀並不限於常態分佈（編註：比如柯西白噪音、卜瓦松白噪音）。

差分自我迴歸移動平均模型（Autoregressive Integrated Moving Average Model, ARIMA 模型）

　　當原始時間序列無法滿足穩定性時，自我迴歸模型及自我迴歸移動平均模型就都無法使用了。但若改取各時間點的前後值之差（稱為**差分**），再利用差分建立出一個新的時間序列，通常（如經濟資料等）就近似穩定了。這個過程相當於消除趨勢。像這樣先取差分，再利用自我迴歸移動平均模型的做法，稱為**差分自我迴歸移動平均模型**（autoregressive integrated moving average model, ARIMA model）。而利用差分建立出來的時間序列，也可以再取一次差分來進行分析（但其實很少會使用到 2 次以上的差分）。

> **小編補充**　**為什麼各時間點的前後值之差，可以消除時間序列資料的趨勢**
>
> 當時間序列資料含有趨勢時，若使用 ARMA 模型發現無法有效捕捉到資料的特性，可以考慮消除資料中的趨勢，作法是取各時間點的前後值之差。舉例來說，如果資料隨著時間過去會一直增加 3，也就是資料點為 0、3、6、9、…。若取各時間點的前後值之差，我們得到的資料就會是 0、3 - 0 = 3、6 - 3 = 3、9 - 6 = 3、…，即可得到一個穩定的時間序列資料。

季節性差分自我迴歸移動平均模型（Seasonal Autoregressive Integrated Moving Average Model, SARIMA 模型）

　　當資料中除了趨勢之外，還有週期變動時，我們可以在分析前消除週期變動。比如說，若要將 1 年內出現的季節性波動消除，我們可以用當年度與前一年同期之值的差分，建立出新的時間序列。而像這樣先建立時間序列，再利用差分自我迴歸移動平均模型的做法，稱為**季節性差分自我迴歸移動平均模型**（seasonal autoregressive integrated moving average model, SARIMA model）。

　　圖 7.2.1 呈現的是目前介紹的幾款模型之間的關係。這些模型雖然都是古典的時間序列模型，但只要妥善運用，依然可以發揮絕佳的性能。

圖 7.2.1　本節介紹的模型之間的關係

AR 模型

自我迴歸模型
描述自我迴歸的關係

＋

ARMA 模型

自我迴歸移動平均模型
追加考慮移動平均的影響

＋

ARIMA 模型

差分自我迴歸移動平均模型
追加考慮趨勢的影響

＋

SARIMA 模型

季節性差分自我迴歸移動平均模型
追加考慮週期性（季節性）波動的影響

7.3 狀態空間模型（State Space Model）

▌含有狀態變數（State Variable）的模型

　　狀態空間模型（state space model）是一種非常有效的時間序列分析方式。但是在開始介紹之前必須先強調的是，「狀態空間模型」所指的並非單一特定的模型（如上一節介紹的自我迴歸模型等），而是種非常廣泛的概念。我們可以在狀態空間模型的框架之內，針對各種問題與分析策略來做適當的設定。以下我們將從「狀態空間模型為何」的概念性說明開始，展開本節的介紹。

　　能夠實際觀察到事物稱為可觀測變數（2.1 節）。目前為止我們介紹的模型都只有在描述可觀測變數之間的關係，不過現在我們要再增加一個潛在變數：**狀態變數**（state variable）。狀態變數的使用可以讓建模更加地靈活。舉個簡單的例子來說，有些模型會要求時間序列必須具備穩定性（如自我迴歸模型），然而用狀態變數來建立狀態空間模型就沒有這樣的條件限制。

　　至於狀態變數具體表現的內容，則可以根據問題決定，或利用既定的訣竅來協助設定。此外，狀態變數若選擇得當，也可以建立出與上一節介紹的自我迴歸模型等效之模型。

　　經過這番介紹，各位應該可以發現狀態空間模型是一種通用性相當高的做法了吧！

狀態空間模型一般的表現方式

接下來要說明的是狀態空間模型的一般定義（圖 7.3.1）。首先令 x_t 為隨著時間變化的狀態變數。x_t 可以是一維變數，也可以是含有多個變數的向量。描述狀態變數 x_t 隨時間變化的方程式稱為**系統方程式**（system equation）。

在狀態變數依照系統方程式隨著時間變化的同時，我們也可以從系統中取得各時間點的可觀測變數值 y_t。此 y_t 同樣可為一維變數或多維向量。假設 y_t 是由潛在變數 x_t 之函數生成，則此函數稱為**觀測方程式**（observation equation）。系統方程式加上觀測方程式，就是我們所說的狀態空間模型了。

以上說法有些讀者可能會覺得太抽象了，難以理解，因此接下來我們會再更具體地說明。

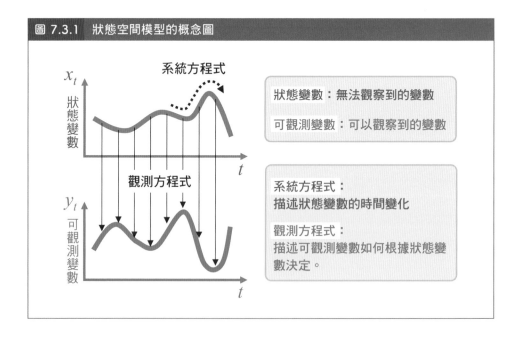

圖 7.3.1　狀態空間模型的概念圖

離散時間・線性・高斯模型

首先介紹時間序列分析中最基本的狀態空間模型：假設資料是可以用 t = 1、2、... 來表示的離散時間序列資料，當狀態變數與可觀測變數之時間變化可由以下形式給定時，此模型稱為**線性高斯狀態空間模型**：

$$\begin{cases} x_t = G_t x_{t-1} + w_t \\ y_t = F_t x_t + v_t \end{cases} \quad (7.3.1)$$

其中 G_t 和 F_t 都是可以與時間有關的係數矩陣，G_t 稱為**狀態轉移矩陣**[註5]（state-transition matrix），F_t 則為**觀測矩陣**（observation matrix）。此外，w_t 與 v_t 皆為常態分佈的雜訊項[註6]。

該模型也稱為**動態線性模型**（dynamic linear model, DLM）。其通用性相當高，只要調整狀態轉移矩陣及觀測矩陣，即可配合各種不同的情況進行分析。舉例來說，我們可以在狀態變數中代入表示趨勢的項或另一個解釋變數的值來分析。可根據動態線性模型進行分析之套件包括 R 的 dlm、Python 的 statsmodels 以及 PyDLM 等。

註5　同樣的術語在 5.2 節的機率模型中也曾經出現過。它們都可以透過將前一個時間點的狀態乘上矩陣來獲得下一個狀態，但嚴格來說兩者的定義還是不同的，這點請務必注意。此處更新的不是狀態機率，而且狀態本身。

註6　w_t 是含有多個隨機變數的向量。其中各隨機變數可以是不同的常態分佈，也可以是多維常態分佈（前者包含在後者當中）。

▌其他情況下的狀態空間模型

　　雖然剛才的模型必須是線性方程式、雜訊為常態分佈、時間為離散之動態行為，但其實我們也可以將這些假設排除，建立出更通用的模型，但模型操作的難易度也會改變。

　　連續時間的狀態空間模型在控制理論領域當中（例如需要根據控制機器時可觀察到之變數推測出系統狀態）已經有非常深入的研究，也建立出一套完整的理論系統了。其中關於「如何將系統狀態調整至所需狀態」的方法論，對一般的資料分析來說也非常有幫助。

　　不同領域的學術研究能夠像這樣因為相似的問題而聯繫在一起，也是數學模型非常有趣的一個面向。

　　最後推薦幾本參考書籍[註7]，有興趣深入了解這些模型的讀者可以列入考慮。

註7　如果想找完整涵蓋基礎內容至實際分析的參考書籍，推薦馬場真哉的「時系列分析態空間モデルの基礎: RとStanで学ぶ理論と実装」（プレアデス出版）；如果要找針對理論深入探討的書籍，則可參考沖本竜義「経済・ファイナンスデータの計量時系列分析」（朝倉書店）。

7.4 其他種類的時間序列分析法

▌利用自相關（Autocorrelation）描述時間結構之特徵

本節會簡單介紹幾種不需使用直接表現時間序列的模型，也可以進行分析的方法。第一種是利用**自相關**（autocorrelation）。自相關是顯示目前關注之變數在相隔 τ 個時間點的前後 2 筆資料之間有多少相似度的一種指標，這對掌握時間序列的時間結構來說，是相當重要的資訊（圖 7.4.1）。

以下是利用 7.1 節提到的飛機乘客數資料計算自相關的範例。此資料中含有週期性的波動，因此每 12 個月就會出現一個峰值。若將 1 年份的資料直接左右對照比較（編註：和前一年度與下一年度對比），便可看出每年都有相當類似的變化。

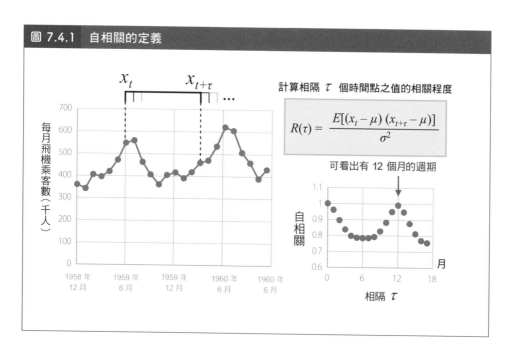

圖 7.4.1 自相關的定義

$$R(\tau) = \frac{E[(x_t - \mu)(x_{t+\tau} - \mu)]}{\sigma^2}$$

計算相隔 τ 個時間點之值的相關程度

可看出有 12 個月的週期

利用異常擴散（Anomalous Diffusion）描述特徵

接下來要介紹的分析法與計算自相關相似，關注的都是時間序列中相隔 τ 個時間點的變數，但現在要計算的是變數值的差值（令此量為 Δx）。我們計算差值的標準差 $\sigma(\Delta x)$，此量可以表現出兩者在經過一段時間之後，是否變化太大而難以預測的程度。若各時間點的雜訊皆完全隨機且互相獨立，則 $\sigma(\Delta x)$ 將與 $\tau^{0.5}$ 成正比，並以這種方式擴展出去的現象，稱為**擴散**（diffusion）。

不過如果 $\tau^{0.5}$ 無法捕捉到 $\sigma(\Delta x)$ 的特性，也就是 $\sigma(\Delta x)$ 可能偏離 τ 的 0.5 次方，比如說股價的時間序列資料與細胞內的物質擴散現象等，則稱為**異常擴散**（anomalous diffusion）[8]。我們可以利用**赫斯特指數**（Hurst exponent）的 H 值來捕捉異常擴散。

H 代表以時間間隔 τ 的冪次方來描述 $\sigma(\Delta x)$ 時（3.2 節的冪次法則），比較合適的次方數：

$$\sigma(\Delta x) \propto \tau^{H} \tag{7.4.1}$$

H 可用來衡量某一刻的雜訊與過去的雜訊之間是否相關（稱為**記憶性**）[9][10]。

註8　異常擴散與時間序列的分形性（Fractal Properties）及混沌等的關連性都很高，這也是數學上非常有趣的現象。

註9　另一種經常用到的做法為去趨勢波動分析（detrended fluctuation analysis），它可使赫斯特指數適用於非穩定時間序列。

註10　τ 的次方數可能會造成自相關降低。這時我們可以針對功率頻譜（後面會提到）的頻率計算出標度指數（scaling exponent）。如此一來，連同赫斯特指數在內，總共就有 3 種資訊。這 3 種資訊其實本質上都擁有相同的意義。

利用傅立葉轉換（Fourier Transform）進行頻率分析

傅立葉轉換（Fourier transform）可以用來分析資料中有哪種類型的波以及多少數量的波。它的基本概念是以三角函數之和來表現給定資料。我們可以藉由查看資料中各頻率的數量來掌握資料的特徵（圖 7.4.2）。

傅立葉轉換與 4.4 節中介紹的拉普拉斯轉換為類似的數學轉換，它可以將原始的函數從時間函數轉換成頻率函數。圖 7.4.2 為心跳資料進行傅立葉轉換之後的結果。我們從**功率頻譜**的量可以看出資料中有許多對應到特殊音高的頻率成分。[註11][註12]

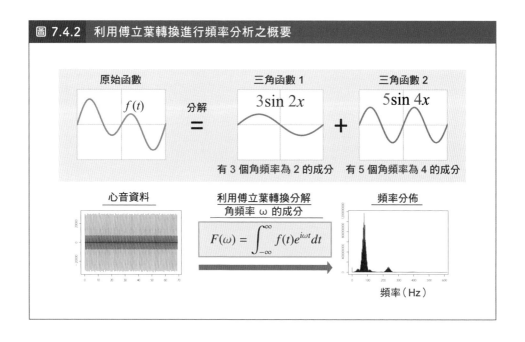

圖 7.4.2　利用傅立葉轉換進行頻率分析之概要

原始函數　　　　　三角函數 1　　　　三角函數 2

$f(t)$　分解 =　$3\sin 2x$　+　$5\sin 4x$

有 3 個角頻率為 2 的成分　有 5 個角頻率為 4 的成分

心音資料　　利用傅立葉轉換分解　　頻率分佈
角頻率 ω 的成分

$$F(\omega) = \int_{-\infty}^{\infty} f(t)e^{i\omega t}dt$$

頻率（Hz）

註11　當資料中的頻率成分會隨著時間變化時，通常會使用頻譜圖分析或小波轉換等做法。

註12　此外，當功率頻譜的分佈可由頻率的次方或指數函數表示時，代表其背後隱藏著接下來要介紹的混沌或非線性結構。功率頻譜中含有非常豐富的資訊，這邊所舉的只是其中幾個例子。

▍混沌・非線性時間序列分析

目前已知在神經活動與化學反應等各式各樣的時間序列資料當中，都可以看到混沌 註13 的性質 註14。此處雖然無法詳述，但我們會簡單介紹幾種在**非線性時間序列分析**領域中的方法論與思考方式。

第 1 種方法稱為**延遲座標**（delay coordinate）。它是將時間序列資料中位於前後的幾個點（假設為 n 個）合在一起視為 n 維空間中的 1 個點（圖 7.4.3）。我們有時可以利用這種做法看出混沌時間序列的特定結構 註15。此外還有一種非常厲害的做法叫做**簡型投影**（simplex projection），它可以在沒有模型的情況下，利用該結構預測並解釋時間序列的資料。

第 2 個要介紹的是**李雅普諾夫指數**（Lyapunov exponent），它是用來評估時間序列是否為混沌的指標。為了說明這個概念，我們先假設有 2 個具相似值的不同狀態。由於在普通的系統當中，這 2 個狀態應該會有類似的時間變化，因此若兩者之間的差異會隨著時間的經過而逐漸擴大，我們就可以判斷此系統為混沌。

這種「**對初始條件極為敏感**」的性質為混沌的特徵之一（圖 7.4.4）。而李雅普諾夫指數可以量化出這種分岐的程度。

註13　通常是指由非線性決定性動態系統產生的有界（值會收斂到一定範圍內）非週期性動態行為，但這並不是嚴格的定義。透過機率產生的結果，基本上都不會變成混沌。而且在連續動態系統中，必須要到 3 維以上才會出現混沌。本書雖然無法詳細介紹混沌，但是有本入門書可以推薦給感興趣的讀者們看看：Steven H. Strogatz 的「Nonlinear Dynamics and Chaos: With Applications to Physics, Biology, Chemistry, and Engineering」（Westview Press）。

註14　但是一般來說，我們很難下結論說給定的（生成規則未知）資料為混沌，各位在判斷時也請多注意。

註15　目前已知即使是多維的時間序列，也只要研究 1 個變數的延遲座標，就能重現出稱為系統整體之「吸引子」的時間變化結構。

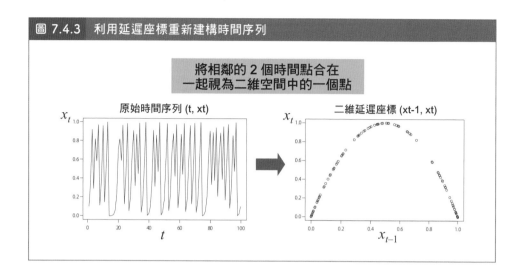

圖 7.4.3 利用延遲座標重新建構時間序列

將相鄰的 2 個時間點合在
一起視為二維空間中的一個點

原始時間序列 (t, xt)

二維延遲座標 (xt-1, xt)

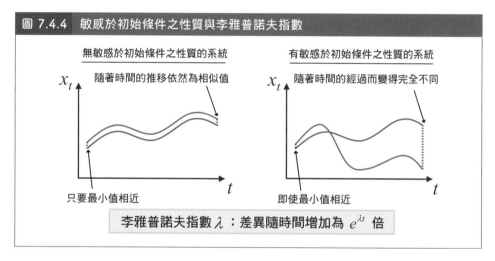

圖 7.4.4 敏感於初始條件之性質與李雅普諾夫指數

無敏感於初始條件之性質的系統

有敏感於初始條件之性質的系統

隨著時間的推移依然為相似值

隨著時間的經過而變得完全不同

只要最小值相近

即使最小值相近

李雅普諾夫指數 λ：差異隨時間增加為 $e^{\lambda t}$ 倍

檢查 2 個以上的時間序列的因果關係

最後我們要簡單介紹一下如何檢查時間序列之間的因果關係。在分析時間序列資料時，我們經常會需要「判斷某一個變數是否正在影響另外一個變數。」比如說，(1) 某一支股票的股價波動是否會對另一支股票產生直接影響，或是 (2) 從 2 個神經細胞的活動資料中推測它們之間是否有突觸聯繫等。

　　假設現在有一個含有 2 個變數 X 與 Y 的時間序列，我們要檢查它們之間是否有因果關係。要做到這件事有許多方法，其中大多數根據的概念都是：「若 X 會對 Y 產生影響，則使用 X 的資訊（至少比起不使用 X 的資訊）便可提升 Y 的預測準確率。」比如說**轉換熵**（transfer entropy）便是其一，它是從狀態發生機率（資訊量）的觀點將此概念計算出來的量。另一種方法則是使用 7.2 節介紹的 VAR（向量自我迴歸）等模型來評估預測準確率的**格蘭傑因果關係**（Granger causality）。此外，還有利用延遲座標在 2 個時間序列之間進行簡型投影的**收斂交叉映射法**（convergent cross mapping, CCM）等做法。

　　要從資料中推測出因果關係，一般來說是非常困難的，我們必須根據資料的性質選擇適當的做法，否則很容易就會引導出錯誤的結論。由於這種問題並沒有「絕對不會出問題」的解決方法，因此在選擇時必須要特別留意它們的適用條件。

第 7 章小結

- 由於時間序列資料中含有趨勢及循環變動等時間結構，因此有時會無法使用一般的統計分析。

- 直接將可觀測變數間的關係模型化的有：自我迴歸模型、自我迴歸移動平均模型、差分自我迴歸移動平均模型及季節性差分自我迴歸移動平均模型等。

- 狀態空間模型透過狀態變數的使用，提高了建模的自由度。

- 時間序列資料的分析還可依照關注的性質，選擇頻率分析、非線性分析及因果分析等做法。

第 8 章

機器學習
（Machine Learning）模型

本章要介紹的機器學習模型，是應用導向數學模型的核心。其基本概念是讓機器從資料中找到解決問題的方法（演算法），而非由人類指導機器。本章將透過範例說明機器學習模型看待問題的方式，也會介紹幾種代表性的解決方法。

8.1　機器學習使用的模型與處理的問題特徵

機器學習的基本概念

　　機器學習在數學模型當中，算是比較重視實際應用的一種。它的概念是讓程式自行學習實際資料當中變數之間的關連性，以達到能夠自動做出與人類相同（甚至對人類而言也相當困難）之預測及判斷，或生成貼近現實的資料等目標。**由於這需要準確地解決複雜的問題，因此通常必須使用到包含多個參數的複雜模型**。

複雜的問題與複雜的模型

　　各位還記得 2.5 節中曾經介紹過一個可以辨識出影像內數字為何的模型嗎？其實那就是一個機器學習模型。在該例當中，影像資料即為輸入變數。由於我們會用很多像素值來表示一張影像，因此一張 28×28 像素的影像其實就是有 784 個像素。換句話說，這個模型光是接收輸入資料，就要使用到 784 個變數了（圖 8.1.1）！

　　若這 784 個變數的數值都能隨意指定，可想而知將會有非常多種組合。但是在這麼多種可能的組合當中，可以用來判定影像為某個特定數字（比如說要判斷 5 這個數字，只會用中間筆跡部分來判定，旁邊大部分空白的區域完全沒用），應該也只占了整體的極小部分。而且在這一小部分當中，應該還有一些規則讓我們不需要真的使用到 784 個變數與資訊[註1]。

註1　當我們假設手上的高維資料實際上為低維流形（局部可視為「平面」〔歐幾里得空間〕之空間）嵌入在高維空間當中，則稱此假設為流形假設。目前已經有許多資料顯示大腦視覺資訊的呈現方式也符合此假說。

但是要像這樣從高維資料當中捕捉到低維（通常為非線性）的特徵，就必須使用到較為複雜的模型。

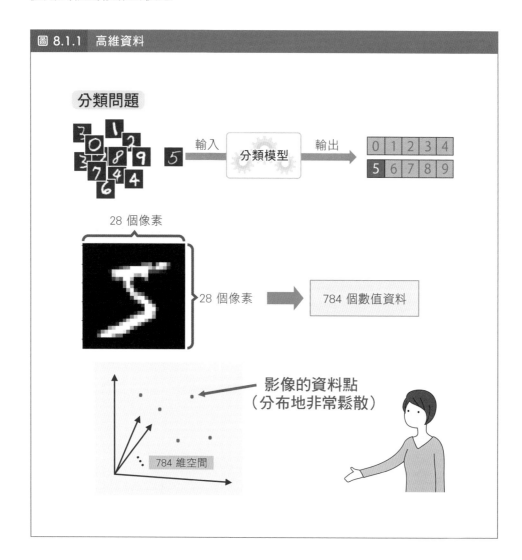

圖 8.1.1　高維資料

模型的複雜度與過度配適（Overfitting）

維度較高的複雜模型也具有較高的自由度，可以透過參數值的改變，呈現出變數之間非常多種不同型態的關係。這也是為什麼我們可以用它來表現隱藏於實際問題背後複雜的關連性。但模型的高自由度也是有缺點的，那就是容易有**過度配適**（overfitting）的問題。過度配適是指模型的參數在訓練完成後，可以對訓練使用的資料（訓練資料[註2]，training data）描述得非常好，但是在其他新資料（測試資料，test data）上表現得就不理想的情形。這是模型過於遷就只存在於訓練資料中的差異與誤差所導致（圖 8.1.2）。

圖 8.1.2　模型過度配適資料之範例

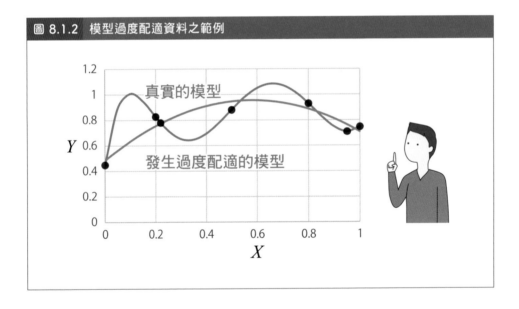

註2　有些文獻會使用學習資料，但本書統一稱為訓練資料。

　　若模型未出現過度配適的問題，在遇到未知資料時也能表現良好，則稱其具有**普適性**（generalization）。不過實際上當資料維度較高時，要準備到充足的資料幾乎是不可能的事情。在這種情況下 [註3]，我們擁有的資料只會零星散布於由大量輸入變數所構築出的巨大空間當中，若我們在推測模型時還過於信任這樣的資料，可能會訓練出一個過度配適的模型而不堪使用。至於如何評估機器學習模型之性能表現，我們會在第 14 章中另做詳細說明。

▍利用機器學習模型進行分析

　　本章介紹的機器學習模型都可以利用 Python 的 scikit-learn 等函式庫來進行訓練，在執行上也都很簡單。但 8.5 節的深度學習模型需要使用 TensorFlow 或 Keras 等建構好的軟體框架，且訓練過程中也需要使用到大量的計算資源，因此進行深度學習之前需先準備好充足的運算環境。

註3　即使是低維資料，在使用參數較多的模型時也必須特別小心避免過度配適。

8.2　分類（Classification）、迴歸問題（Regression）

▌分類與迴歸

接下來要開始針對實際問題與解決方式進行說明了！首先要介紹的是**分類**（classification）與**迴歸**（regression）**問題**。分類問題我們在 2.5 節和上一節中都曾經介紹過。迴歸問題則是與之前提到過幾次的「迴歸」相同，簡單來說就是要「猜出正確之值」的問題。比如說根據某人的活動資料預測其年收入的問題，就是迴歸問題。

不過同樣預測年收入，我們也可以將結果分為高所得階層、中所得階層與低所得階層等 3 種類別，並預測各類別之標籤。雖然這是依年收入劃分不同族群的分類問題，但本質上它和迴歸是相同的。換句話說，分類和迴歸其實擁有非常類似的問題結構。

分類問題與迴歸問題的解決方式有很多種，接下來我們會簡單介紹幾種較具代表性的做法。

▌決策樹（Decision Tree）

首先要介紹的是**決策樹**（decision tree）模型。這個方法雖然同時適用於分類與迴歸，但以下我們會先用分類問題來說明。假設目前的問題是要判斷電子郵件是否為垃圾郵件，而現有資料為垃圾郵件與正常郵件各 1 萬封。我們可以先針對這些郵件收集以下 3 種特徵[註4]：

註4　這只是虛擬的範例，實際上的判斷方法可能不是如此。

- 電子郵件內是否含有外部連結？

- 郵件內文的長度

- 是否含有關鍵字「帳戶」？

　　決策樹的演算法是根據條件分支來決定給定的資料應該被分到哪個類別（此處指垃圾郵件或正常郵件）。其過程如圖 8.2.1 所示，我們會先設定好幾種特徵，再設定判斷條件依序進行分類，讓模型從訓練資料當中學習到可以將資料分類得最好的一組判斷條件。

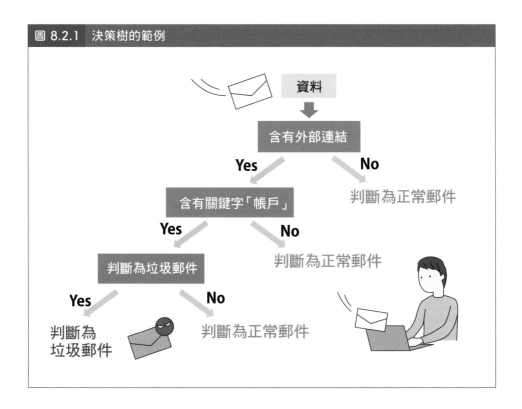

圖 8.2.1 決策樹的範例

▌隨機森林（Random Forest）

　　決策樹的優點是簡單明瞭，結果也很好解釋，但缺點就是容易過度配適。而為了彌補這個缺點所設計出來的方法即為**隨機森林**（random forest）。隨機「森林」顧名思義，就是生成大量決策樹，再利用多數決來預測分類結果的做法 [註5]。我們可以先從原始資料集裡隨機抽取樣本 [註6] 後，再去訓練隨機森林中的每一棵決策樹。隨機森林不僅使用方便，同時也是相當實用的做法。

　　雖然我們剛才介紹決策樹與隨機森林時都是以分類問題為例，但其實這些方法也都適用於迴歸問題。要改變的只有當資料滿足特定條件時，必須要輸出預測的數值，而非類別標籤。除此之外，兩種演算法在本質上是相同的。

▌支援向量機（Support Vector Machine）

　　接下來要介紹的是**支援向量機**（support vector machine, SVM）。範例問題則是根據 2 個變數之值來判斷資料應該被分到哪個類別當中。假設將各類別的資料都繪製出來之後，同類別的資料點大致上都聚集在一起，如圖 8.2.2 所示。**支援向量機的基本概念就是在這些資料點之間畫出一條線來，將它們分成不同的類別，在線上方的為類別 1，下方的則為類別 2。此做法會以能使各類別資料的邊界至該線之距離（邊距，margin）最大**

註5　這種將數個模型組合起來使用的做法，稱為集成學習（ensemble learning）。其中用於組合的模型稱為弱學習器，最後組成的模型則稱為強學習器。一般來說機器學習都能透過集成學習來提高性能。

註6　從原始資料中隨機抽取資料以建立新資料集的做法，稱為自我重複抽樣法（bootstrap）。

化。雖然此例當中只使用了 2 個變數，但一般來說即使變數數量較多，也可以用同樣的方式來決定邊界[註7]。

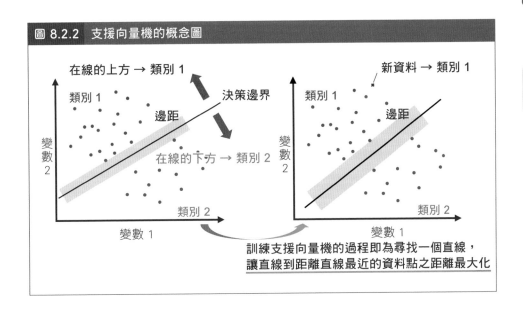

圖 8.2.2　支援向量機的概念圖

像圖 8.2.2 中這種可以用直線（平面或超平面）分離的資料，我們稱之為**線性可分離**[註8]。雖然實際問題中的邊界通常都是彎曲的，這時，只要先對資料進行（非線性的）轉換，將其變回線性可分離之問題，就可以繼續使用上述做法了[註9]。一般來說，支援向量機都具有相當良好的普適能力，是非常有效的做法。此處雖然是以分類問題為例，但是這種利用邊距的概念，同樣也可適用於迴歸問題（**支援向量迴歸**）。

註7　當變數數量為 3 個時，邊界將會是平面（當變數數量達到 4 個以上時，則會是超平面）。

註8　當 2 種類別的資料在邊界附近有少數重疊時，只要修改邊距的計算方式（稱為軟間隔），即可繼續使用此做法。

註9　但也有可能出現無論如何都無法分離的狀況。

神經網路（Neural Network）

　　神經網路（neural network）是用來建立非線性複雜模型的一種方法。它在設計上模擬了大腦的運作機制，將許多執行簡單計算的元素（節點）組合成網狀結構來輸出模型的預測值（圖 8.2.3）。模型中的各節點（稱為**感知器**）會依照箭頭方向接收由其他節點傳遞過來的值，先乘上適當的係數，再將乘積全部相加。接著將該值代入激活函數（activation function）當中。該（非線性）函數的作用是在接收到輸入之後，選擇要讓哪些部分繼續傳遞下去。我們可以根據目的使用不同的激活函數（如 sigmoid 函數等）。而經此函數計算出來的值，也會再繼續傳遞給下一個節點。

　　像這樣沿著箭頭方向依序計算，最後得出的值即為預測值。而此模型要學習的就是如何調整係數之值，以縮小預測值與實際值之間的誤差。

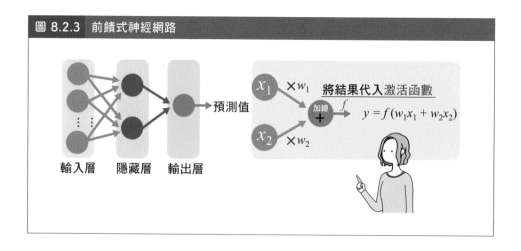

圖 8.2.3　前饋式神經網路

將結果代入激活函數
$$y = f(w_1 x_1 + w_2 x_2)$$

輸入層　隱藏層　輸出層　預測值

　　圖 8.2.3 中的**前饋式神經網路**（feedforward neural network），屬於基本款的神經網路。其用於輸入資料的節點層稱為**輸入層**、輸出預測值的為**輸出層**，夾在兩者之間的則為**隱藏層**。

　　此例中雖然只用了 1 層隱藏層，但隱藏層的層數是可以增加的，增加後的模型則稱為**深度學習模型**（deep learning model）（小編註：通常超過 5 層的神經網路就稱為深度學習模型）。不過即便只有 1 層隱藏層，這種模型的表現力還是非常強，就算是較為複雜的函數 [註10]，也只要增加隱藏層的節點數，就能達到相當高的近似程度 [註11]。而實際上，前饋式神經網路在迴歸問題與分類問題上也都有相當良好的表現。

註10 只要函數屬於無病態（pathological）現象，學理上前饋式神經網路即可逼近此函數，這種能力稱為通用近似定理（編註：可參考論文：G. Cybenko, 1989, Approximation by Superposition of a Sigmoidal Function）。

註11 雖然每個激活函數都只是簡單的非線性函數，但只要將它們組合起來多次運用，就可以獲得極高的表現力。這就是非線性的奧妙之處！此外，若將激活函數都改為線性函數，則會變成單純的多元線性迴歸（編註：表現力也會變差很多）。

8.3　分群

利用分群解釋資料

　　分群是根據資料點之值的分散狀態，將相近的資料歸類到同一個群集的過程（圖 8.3.1；2.5 節也曾介紹過）。它和分類的差別在於**分群是在不知道哪些資料屬於哪些類別的狀態之下執行的，為非監督式學習**。舉例來說，當我們將購買某些商品的顧客依照年齡、性別與居住地等資料分為數個群集時，其結果的解讀比較像是「這群顧客應該是這一種人，那群應該是另一種人」。利用這種方式分析資料概況，有時候是非常有效的選擇，尤其是當我們對資料性質還一無所知時。

　　但有一點必須要先提醒各位，這種區分方式理論上是沒有「標準答案」的。若資料群集之間有非常清楚的分界也就算了，但現實世界中的資料通常都不是這樣的，而且資料維度較高時，也有可能根本就看不出有任何群集。

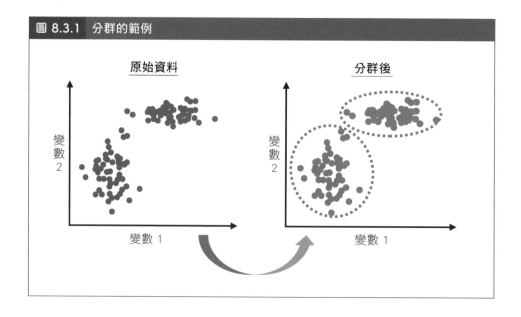

圖 8.3.1　分群的範例

原始資料　　　　　　　　　　　分群後

變數 2　　變數 1　　變數 2　　變數 1

　　在此情況下，演算法的種類及我們對群集數量的假設等，都會影響到分群結果。因此很重要的觀念是：以分群方式得到的結果永遠都具有任意性 [註12] 。

k- 均值分群法（K-Means Clustering）

　　k- 均值分群法（k-means clustering）是一種非常經典的分群方式。其演算法是透過比較資料點與各群集中心之距離，來將資料點歸類到最近的群集當中。

　　具體來說，此法將資料分配至各群集中的步驟如下：

（1）決定群集的數量（k）

（2）將各資料點隨機分配至各群集中

（3）求出各群集之中心點

（4）尋找與各資料點最接近之中心點，並將該資料點分配至該群集中

（5）重複步驟（3）和（4），直到分配結果不再有變動為止

　　這個概念在分群的討論中經常出現，各位可以先記住，或許之後會派上用場也不一定！

註12　若採用任何一種答案在邏輯上都說得通，即稱「該解具有任意性」（編註：白話一點就是只要你有辦法解釋你的分群方法就好了，較難有人說哪個方法才是最正確）。

混合模型

k- 均值分群法中並未針對資料的生成規則去做數學假設，但其實「先假設各群集的機率分佈數學模型，再判斷每一個資料點屬於哪一個群集」的思考方式也經常用於分群問題（圖 8.3.2）。這種做法稱為**混合模型**（mixture model）。若我們的模型是假設各群集的機率分佈是高斯分佈，則又稱為**高斯混合模型**（Gaussian mixture model）。當我們推測出模型中混合的機率分佈之後（編註：假設使用高斯混合模型，那我們就要推測出所有高斯機率分佈的平均值以及標準差），各機率分佈就可以分別對應到各個群集，而混合模型就可以用機率來描述各資料點分別是屬於哪一個群集了。我們可以使用「資料點屬於機率最高的群集」做後續的推論，也可以「直接使用資料點屬於各群集的機率」來做後續處理（如果這樣做比較適合的話）。

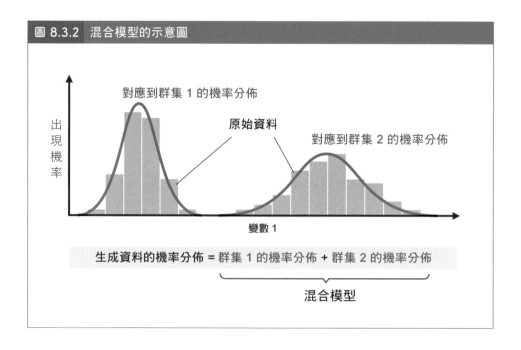

圖 8.3.2　混合模型的示意圖

█ 階層式分群法

　　雖然以上介紹的都是單純將資料分配到幾個群集中的方法，但其實在討論高維資料時，群集之間的關係通常也會是我們關注的焦點。比如說，如果想要了解整體資料的特徵，則 2 個群集之間的相似或不相似程度就會是相當重要的資訊。而**階層式分群法**（hierarchical clustering）就是以這種群集之間的相似度為基礎，提供群集分類方式的做法。不過計算相似度的方式有很多種，通常也會產生出不同的計算結果，因此在解讀結果時務必要特別注意。

8.4 降維（Dimensionality Reduction）

何謂降維

　　一般來說，資料的變數數量增加，維度就會隨之增加，但高維度的資料對人類來說是非常難以理解。而且無論使用的是何種分析方式，高維度資料常會帶來一些負面影響。所幸在實際資料當中，**有些看起來維度較高的資料，其實是可以在不損失基本資訊的情況下，改以數量較少之變數來描述**（圖 8.4.1）。舉個極端的例子來說，若已知資料疊加在 y = x 的圖形上方，就不需要同時使用 x 和 y 這 2 個值，只要知道 x 的值就夠了。這種利用萃取資訊來減少資料變數數量的做法，稱為**維度降低**（dimensionality reduction），簡稱**降維**。若能利用維度降低將資料的維度減少到 3 維以下，就可以將其繪製成圖形了。

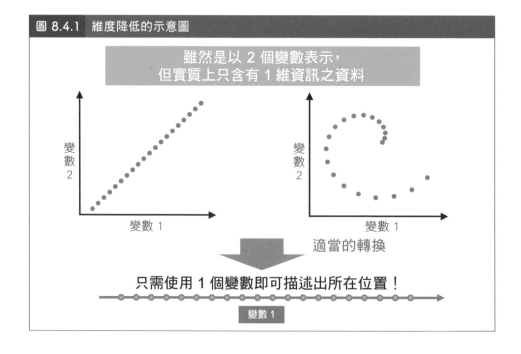

圖 8.4.1　維度降低的示意圖

雖然是以 2 個變數表示，
但實質上只含有 1 維資訊之資料

變數 2

變數 1

變數 2

變數 1

適當的轉換

只需使用 1 個變數即可描述出所在位置！

變數 1

主成分分析（Principal Component Analysis）

　　維度降低的做法當中，最有名的就是**主成分分析**（principal component analysis, PCA）。其做法簡而言之就是**沿著能使資料呈現出最大差異的方向取直線**（圖 8.4.2）。如圖 8.4.2 所示，該方向有時也能反映出資料的特徵。比如說在此圖當中，我們只要知道資料位在第一個方向（稱為**第 1 主成分**）的何處，就能大致了解資料的性質。其概念有點像是去旋轉座標軸，以找出能將資料看得最清楚的方向。

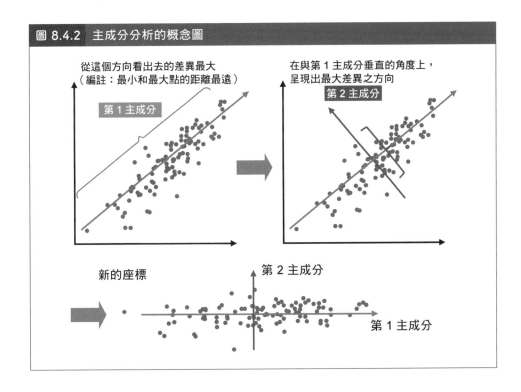

圖 8.4.2　主成分分析的概念圖

從這個方向看出去的差異最大
（編註：最小和最大點的距離最遠）
第 1 主成分

在與第 1 主成分垂直的角度上，呈現出最大差異之方向
第 2 主成分

新的座標

第 2 主成分

第 1 主成分

　　將此做法應用在高維資料上時，則是要從頭開始依序提取出各主成分，並只保留下能夠盡量呈現出資料整體差異的主成分數量。假設最後保留的主成分數量與原本的變數數量相同，則表示利用主成分分析進行維度降低的成效不佳。由於主成分分析只能以直線捕捉資料特徵，因此像圖 8.4.1 右上方的非線性特徵，就無法利用主成分分析來進行維度降低了。

獨立成分分析（Independent Component Analysis）

剛才提到的主成分分析是要依序取得互相垂直的主成分，而**獨立成分分析**（independent component analysis, ICA）則是不一定依序做垂直分解（圖 8.4.3）。獨立成分分析必須先指定成分的總數量，再以指定數量的獨立成分來表現資料。它和主成分分析的差異之處在於成分之間並無順序關係。若我們對於資料能夠分成幾種成分已經事先有了假設，這種做法就會非常有效。但若沒有這種假設，則決定成分數量的方式就會有任意性。

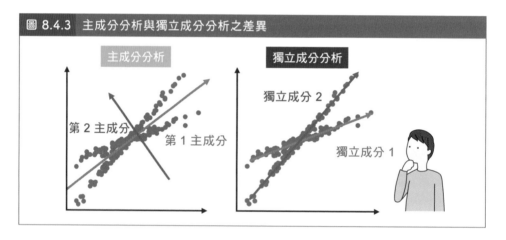

圖 8.4.3 主成分分析與獨立成分分析之差異

非線性的維度降低法

雖然目前為止介紹的都是尋找變數之間線性關係的做法，但其實維度降低也有針對非線性資料之關係的做法。

核主成分分析便是其中之一，其做法是先對原始資料進行非線性轉換，再做主成分分析。另一種則是根據資料之非線性結構進行維度降低的**流形學習**（manifold learning）。它是一連串從各資料點附近的資料中計算出流形結構之資訊，再藉由這些資訊進行維度降低的步驟，目前也已開發出多款演算法，如 Isomap、LLE 以及 t-SNE 等。此外，近來引發眾多關注的 Mapper 則是以**拓撲資料分析**（topological data analysis）為基礎，利用資料「形狀」進行維度降低的方法。

8.5 深度學習（Deep Learning）

▌何謂深度學習

　　我們在 8.2 節中曾經提過，只要增加神經網路的隱藏層數量，便可獲得**深度神經網路**（deep neural network），而使用深度神經網路的機器學習，則稱為**深度學習**（deep learning）。這類模型雖然曾經有無法順利訓練的問題，但近年來由於訓練演算法已有改善，也較易取得大量的訓練資料，再加上 GPU 及記憶體等的性能都有提升，因此已變成一種非常強大的模型，並受到各界矚目。

　　深度學習可說是利用複雜模型解決複雜目標的終極策略，因此經常連模型本身都難以解釋，是非常應用導向的做法。本書將只簡單針對幾個重要的關鍵字做介紹，詳細內容請再參考其他的推薦書籍[註13]。

註13 若想要找簡單易懂（但內容也很紮實）的入門書，可以參考山下隆義的「イラストで学ぶディープラーニング」（講談社）；若是要找針對理論深入探討的入門書，則可參考 I.Goodfellow, Y. Bengio, A. Courville 等人的「Deep Learning」（編註：俗稱花書，中文版由碁峰資訊出版。也可以參考旗標出版的「Deep learning 深度學習必讀 - Keras 大神帶你用 Python 實作」）。

卷積神經網路（Convolutional Neural Network）

卷積神經網路（convolutional neural network, CNN）是一種能夠在影像辨識等領域當中發揮極高性能的神經網路。一般神經網路在輸入資料平移時（比如說影像中只有物體的位置改變），都會將其辨識成不同的輸入，但卷積神經網路的設計因為受到大腦視覺皮層機制的啟發，擁有稱為**卷積層**與**池化層**的隱藏層（圖 8.5.1），因此即使關注對象改變位置，也能得到類似的輸出。而實際上它在影像的物體偵測與語音辨識領域，也都取得了令人驚豔的成果。

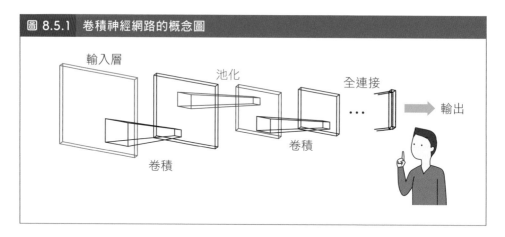

圖 8.5.1　卷積神經網路的概念圖

輸入層　池化　全連接　輸出　卷積　卷積

循環神經網路（Recurrent Neural Network）

循環神經網路（recurrent neural network, RNN）是在時間序列建模時，經常會使用到的神經網路。一般來說，只要將各時間點的資料輸入前饋式神經網路，即可獲得對應於各時間點的輸出，但不同時間點的資料之間若具有關連性，是無法透過這種模型反映出來的。為了解決這個問題，循環神經網路除了順向路徑之外，還增加了可以將過去資訊反饋到神經網路的路徑。這可以透過許多方法完成，比如說保留過去的隱藏層之值，或是讓過去的輸出回饋到隱藏層中等。將儲存輸入資料的長期短期記憶（long short-term memory, LSTM）置入模型當中，即是一種經常使用的做法。

自編碼器（Autoencoder）

自編碼器（autoencoder）是訓練成讓輸出結果和輸入相同的神經網路。這種模型乍看之下似乎毫無意義，但其實意外地有許多不同的使用方式。

比如說資訊壓縮（維度降低）就是其中很重要的一種。假設現在有個節點數比輸入層少的隱藏層，資料經過隱藏層後會再還原出原始資料的神經網路（圖 8.5.2）。我們只要順著這個神經網路的計算步驟，就能看到輸入變數先經由隱藏層用數量較少的變數表現 ＝ 編碼（encode），再由輸出層還原 ＝ 解碼（decode）的過程。也就是說，隱藏層的作用其實是在盡量不損失必要資訊的情況下進行維度降低[註14]。

其功能也可以應用在雜訊的消除上（**降噪自編碼器**）。此外，在建立深度學習模型時，自編碼器也可以用來決定參數之初始值（稱為**預先訓練**）。

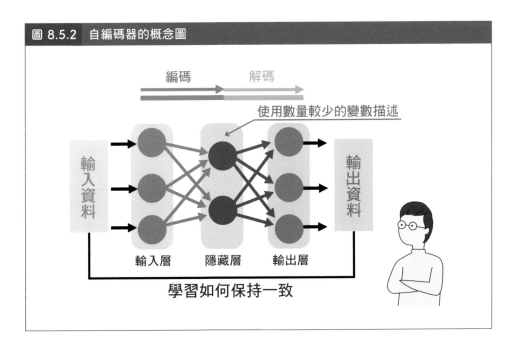

圖 8.5.2　自編碼器的概念圖

註14　這項操作和主成分分析在具體計算層面上非常接近。

對抗式生成網路（Generative Adversarial Network）

對抗式生成網路（generative adversarial network, GAN）是以生成影像等（2.5 節）聞名的生成模型。這類模型會針對給定的輸入，生成並輸出與訓練資料相似的資料。它在訓練過程中會**同時**訓練 2 種模型：**生成器**（generator）與**鑑別器**（discriminator）（圖 8.5.3）。

生成器是用來生成資料的神經網路，鑑別器則是要從生成器生成的資料與實際訓練資料中揪出兩者差異的神經網路。生成器的訓練目標是使鑑別器將其生成的資料誤判為真實資料，鑑別器的訓練目標則是要看穿資料的真偽。

而對抗式生成網路的做法就是像這樣利用競爭關係同時訓練 2 種模型，進而生成真假難辨的資料（編註：詳細可以參考旗標出版的「GAN 對抗式生成網路」）。

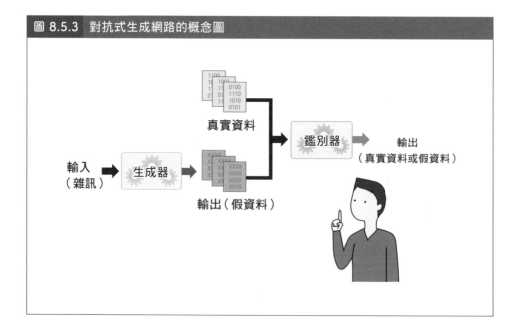

圖 8.5.3　對抗式生成網路的概念圖

第 8 章小結

- 機器學習重視的是應用時的性能表現，並會使用含有多個參數的複雜模型。

- 過度配適指的是因模型過度貼合訓練資料，而導致在處理其他資料（測試資料）時的性能不佳之情形。

- 在可藉由機器學習模型解決的問題當中，較具代表性的有分類、迴歸、分群以及維度降低。

- 深度學習雖然訓練成本極高，但是種解決難題的有效方法。

MEMO

第 9 章

強化式學習
（Reinforcement Learning）
模型

強化式學習是根據環境的回饋值，來探索最佳策
略的一種架構。強化式學習模型不僅是機器學習
領域中一種訓練模型的方法，還是一種可以模仿
人類學習新事物的模型。本章將針對模型的具體
型態與背後的概念進行解說。

9.1　以強化式學習做為行為模型

強化與學習

　　行為主義的術語當中有一種稱為**強化**（reinforcement）的概念，指的是人類與動物會根據採取行動後所獲得的獎勵來增加採取該行動之次數[註1]。像我們平常利用飼料來訓練小狗就是個簡單的例子。

　　而將強化的概念：多方嘗試並從錯誤中學習適當的策略，用數學模型來描述即為**強化式學習**（reinforcement　learning）模型（圖 9.1.1）。其中模型中做決策的部分稱為**代理人**（agent）。

　　代理人會推測新的策略。執行策略之後，若符合期待便能獲得獎勵，若不符期待則無法獲得獎勵或遭到懲罰。「是否符合期待」的判斷取決於代理人所處的**環境**（environment）。代理人在接收到環境回饋之後，會根據該結果修改其決策模型，以便決定下一個策略。然後再繼續重複這個「產生（新）策略並依據環境回饋修改模型」的過程。

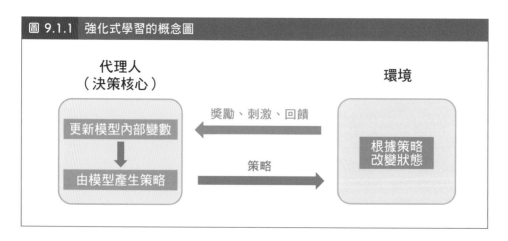

圖 9.1.1　強化式學習的概念圖

註1　順帶一提，反過來減少動作的概念稱為懲罰（punishment）。

賭博問題

　　接下來，在正式進入強化式學習模型之前，我們先用一個比較簡單的模型來介紹強化式學習需要用到的數學！假設現在有個抽牌遊戲，每張上面都寫著不同金額（100 元、200 元、1,000 元等）。玩家只要抽牌，便能獲得卡牌上所寫的金額，但每次抽牌前都需先支付 500 元的參加費。代理人必須在實際抽過幾次卡牌之後，判斷出參加此遊戲是否能夠獲利 註2（圖 9.1.2）。我們將代理人依序抽出的卡牌數字標上索引：t 為 1、2、3、……。

　　首先，假設代理人在當前時間點，對卡牌價值的預測值為 Q 元。由於這個預測值在每次抽牌之後都會更新，因此可以用一個對時間的函數來表示：Q_t。最初的時間點因為沒有判斷基準，所以暫時先設定預測值為參加費：$Q_0 = 500$。之後若抽中的金額高於預測值，代理人便會將預測值往上修正，若低於預測值則往下修正。若令 r_t 為時間 t 時所抽到的金額 註3，則卡牌上的金額與預測值之間的誤差便可寫成 $r_t - Q_t$。若我們低估卡牌平均價值，則 $r_t - Q_t$ 會大於 0；反之，則 $r_t - Q_t$ 會小於 0。我們可以將 $r_t - Q_t$，乘上一個比例，反饋到下一個時間點，對卡牌價值的預測值的估算。

$$Q_{t+1} = Q_t + \alpha(r_t - Q_t) \qquad (9.1.1)$$

註2　以期望值判斷。

註3　r 是取 reward（回饋值）的首字母而來。

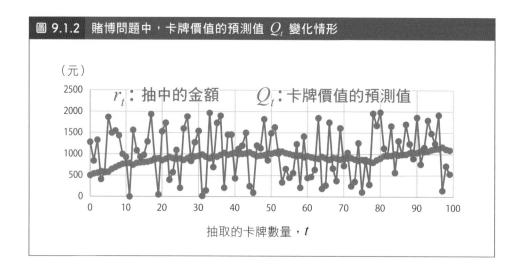

圖 9.1.2　賭博問題中，卡牌價值的預測值 Q_t 變化情形

（元）

r_t：抽中的金額　　Q_t：卡牌價值的預測值

抽取的卡牌數量，t

此處的 α 是表示 Q 值每次調整幅度的參數[註4]。

　　圖 9.1.2 是實際利用此模型推測價值的範例。在此範例當中，卡牌上的金額是範圍從 0 到 2,000 元的均勻分佈。實驗會在 $\alpha = 0.05$ 的情況下持續到 $t = 100$ 為止。從此圖中可看出，模型預測的價值與卡牌金額真正的期望值 1,000 元相當接近。

▌加入策略選擇

　　接著來看看有較多選項的情況吧！同樣以抽牌遊戲為例，這次我們將卡牌分為 A、B 兩疊，玩家每次都可選擇要從哪一個牌堆當中抽取卡牌，目標是判斷抽取哪一疊卡牌較為有利。這種類型的問題稱為**（雙臂式）吃角子老虎機問題**[註5]（圖 9.1.3）。

註4　α 在第 6 章中是用來表示顯著水準的符號，但在此處的意義完全不同。之後會出現的 β 也是與之前的含意不相同。

註5　這種含有多種選項的問題，通常稱為多臂式吃角子老虎機問題。「問題」是用來強調需由受試者來解決的術語。順帶一提，吃角子老虎機的英文為 one-armed bandit，直譯為「單臂」強盜，因此才會有雙臂式及多臂式的說法。

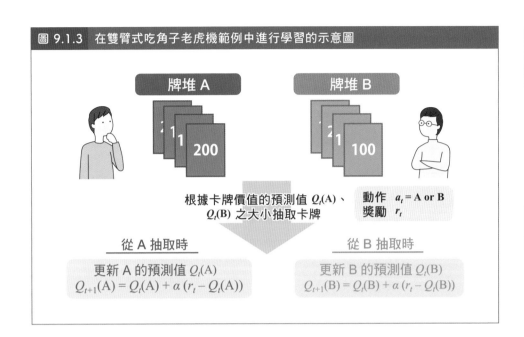

我們來看看在這種情況之下，代理人要如何學習該選擇哪一個牌堆吧（圖 9.1.3）！首先我們以變數 a_t 表示牌堆的選擇。比如說，若在時間為 t 時選擇了牌堆 A，便可寫成 $a_t = A$ 註6。此代理人可採取的策略之一是預測每個牌堆的價值，並從較高預測值的牌堆中抽取卡牌。假設這 2 個牌堆的預測值分別為 $Q_t(A)$ 及 $Q_t(B)$。由於抽牌時的預測值不一定是正確的，若 100% 信任該值並以此決定接下來該從哪個牌堆抽牌，並不一定是最佳策略。因此我們會使用下列數學式：卡牌價值的預測值較高的牌堆，有比較高的機率去抽，但預測值較低的牌堆也有少許可能會去抽。

$$P(a_{t+1} = A) \propto \exp(\beta Q_t(A)) \qquad (9.1.2)$$

$$P(a_{t+1} = B) \propto \exp(\beta Q_t(B)) \qquad (9.1.3)$$

註6　a 是取 action（動作）的首字母而來。

此處的 β 是用來決定對當前預測值 Q 信任程度高低的參數[註7]。$\propto$ 則是表示「正比於」的意思。這 2 個運算式的意思是：「選擇各牌堆之機率（左側）會與卡牌價值的預測值之指數函數成正比[註8]」。這種運算式稱為 **softmax 函數**（softmax function）。代理人每次都會根據此機率來決定要從 A 牌堆或 B 牌堆中抽牌。

抽到卡牌之後，接著就要比較實際抽到的金額與當前 Q_t 之差異，並藉此更新預期價值。由於每次只能從 A 或 B 堆抽一張牌，因此更新時也只更新該牌堆預測值（編註：每一回只會更新 $Q_t(A)$ 或 $Q_t(B)$）。

這種更新預測值的學習方式稱為 **Q 學習**（Q learning）。圖 9.1.4 為實際運行此模型之結果。其中卡牌上的數字皆由均勻分佈隨機生成，牌堆 A 的範圍為 0 到 2,000，牌堆 B 則為 0 到 1,000。令 $\alpha = 0.05$、$\beta = 0.004$，並抽 100 次。從圖中可看出，最後代理人跑去抽取牌堆 A 的機率接近 1，代表模型會指導代理人儘量多抽牌堆 A，因此模型訓練的滿成功。

▌模型的變化與發展

以上介紹的 Q 學習，是透過改變採取某個策略後環境回饋值的預測，來改變採取某個策略之機率的做法（編註：先預測採取某個策略後可能得到的回饋值，然後再採取回饋值最高的策略）。而另一種策略則是直接更新採取各策略之機率（編註：直接計算採取某個策略的機率）。比如說設定一個基準（稱為抱負）並比較採取某策略所獲得之獎勵與該基準的大小，再利用公式根據結果直接提高或降低採取該策略的機率。採取這種策略的學習方式稱為**抱負學習**（aspiration learning）（編註：關於抱負學習，有興趣

註7　此參數的名稱為**溫度倒數**（inverse temperature），因該式最初源自於物理學。

註8　實際上選擇 A 的機率為 $P(a_{t+1} = A) = \dfrac{\exp(\beta Q_t(A))}{\exp(\beta Q_t(A)) + \exp(\beta Q_t(B))}$，選擇 B 的機率則為 $P(a_{t+1} = B) = \dfrac{\exp(\beta Q_t(B))}{\exp(\beta Q_t(A)) + \exp(\beta Q_t(B))}$。這種選擇方式也稱為費米統計（fermi-dirac statistics）。

可以參考「G. C. Chasparis, J. S. Shamma and A. Arapostathis, "Aspiration learning in coordination games," 49th IEEE Conference on Decision and Control (CDC), Atlanta, GA, USA, 2010, pp. 5756-5761」)。

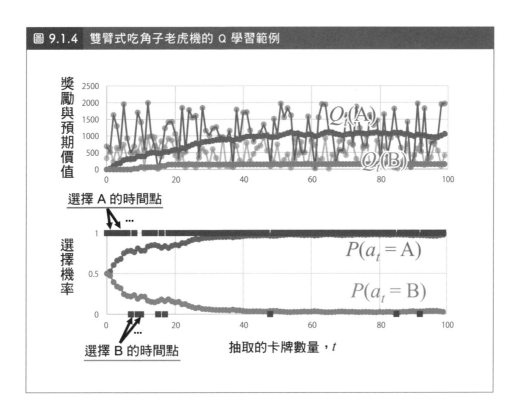

圖 9.1.4 雙臂式吃角子老虎機的 Q 學習範例

此外，我們也可將環境的變化涵蓋在模型當中，以呈現出更複雜的情形。舉例來說，假設剛才的卡牌遊戲新增了一項規定：「只要抽到某張卡牌，下一次抽到的金額就要被乘以 (-1) 倍，」此時我們只需準備一個新變數 s 來描述新規定，並將「一般情況下 A 牌堆的預測價值、抽到特殊卡後 A 牌堆的預測價值、一般情況下 B 牌堆的預測價值、抽到特殊卡後 B 牌堆的預測價值」等 4 種價值皆模型化即可[註9]。

▌當成行為模型使用

　　由於這些模型皆可視為時間序列模型的一種（編註：還記得前面我們是用對時間的函數 Q_t 來描述），因此只要針對人類或動物實際決策的時間序列資料進行擬合，便可推測參數或執行預測了。此外，由於模型中的參數皆具有確切含意（如學習率與期望值等），因此通常也能使用推測出來的參數值推斷該策略的背後原理（編註：比如代理人特別喜歡選某個策略，可能是因為環境具有某種特色）註 10。

　　由於本節關注的重點在於「學習的過程」，因此強化式學習模型在此當中只是將其表現出來的一個工具。而下一節要講解的是如何利用強化式學習來進行機器學習，因此重點將擺在模型學習到的最佳策略。不過兩者背後仍有共通的概念及模型結構。

註10　片平健太郎的「行動データの計算論モデリング」（オーム社）介紹了強化式學習模型應用於決策的時序資料上的方法與範例。

9.2 以強化式學習進行機器學習

以強化式學習進行機器學習

我們在做機器學習時，經常會使用強化式學習來探索可以達成目標的最佳策略。可以玩圍棋或將棋的人工智慧（如 AlphaZero）就是透過強化式學習，根據棋盤環境的狀況，正確更新對每個棋步的預測價值，最後才得以超越職業棋士。

那麼我們可以用上一節介紹的 Q 學習來達成這個目標嗎？

理論上是可以的，但是問題只要複雜到了某個程度，就會開始出現下列這類較難處理的情形：

- 環境狀態的變化過多

- 無法立即評估各動作之優劣

- 無法得知選擇某動作之後會轉移到何種狀態

但這些問題點有許多方式可以解決，本節將針對這些做法做個簡單的介紹。

決定價值函數之性質

首先，我們將代表系統狀態之變數統稱為 s。若以打磚塊的遊戲為例，s 代表的就是某個畫面（磚塊、玩家、球的位置與速度等）。而我們想要知道的則是在狀態 s 之下，策略 a 的預測價值 $Q(s,a)$。因為只要掌握所有狀態及策略的預測價值，就能知道要如何操作才能獲得高分了。

假設系統在選擇某個策略 a 之後會轉移到狀態 s'（圖 9.2.1），並獲得獎勵 $r(s, a)$。若我們要將最終獲得的總分最大化，則在選擇下一個策略時，就應該將接下來會得到的獎勵都考慮進去（編註：也就是不能只著眼當下的得分，而要顧及之後所有的得分）。

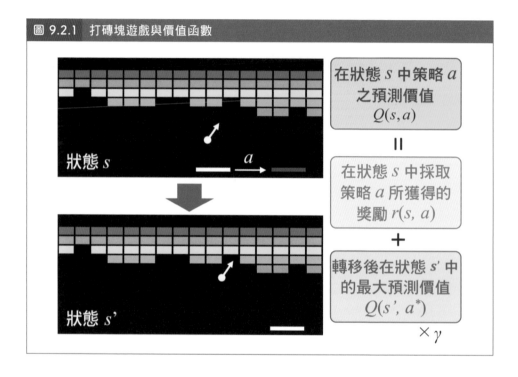

圖 9.2.1　打磚塊遊戲與價值函數

為了解出最佳策略，我們使用如圖 9.2.1 的概念來建模 [註11]。其中 $Q(s', a*)$ 為下一個狀態中選擇最佳策略 $a*$ 時之價值，γ 則是範圍為 0 到 1 的參數 [註12]。接著，我們來看看該如何求出可滿足此關係式之預測價值函數 $Q(s, a)$ 吧。

註11 其實照理説，採取某個策略之後轉移到的狀態，不一定每次都會是同一個，因此關係式中應該也要放入期望值的計算，但此處為了簡化說明而假設不需考慮此情形。

註12 也稱為**折扣率**。這個參數可以控制模型是否多探索其他策略或是儘量維持目前的最佳策略，也可以想像將時間概念帶入模型。

更新價值函數

做法與上一節相同，我們會先讓狀態實際發生轉移[註13]，再依結果更新 Q 值。

$$Q(s,a) \leftarrow Q(s,a) + \alpha[r(s,a) + \gamma Q(s',a^*) - Q(s,a)] \qquad (9.2.1)$$

「←」的意思是將箭頭左側更新為右側之值。與（9.1.1）比較之後，可看出中括號部分即為 $Q(s,a)$ 的應有值與當前值之間的差。而利用此差值更新 Q 值的方法，稱為**時間差分學習**（temporal-difference learning）[註14]。只要持續利用（9.2.1）進行更新，直到穩定為止，即可求出 $Q(s,a)$ 之值。

小編補充

我們來解析一下 $Q(s,a) \leftarrow Q(s,a) + \alpha[r(s,a) + \gamma Q(s',a^*) - Q(s,a)]$ 這個公式，為了方便說明，我們先不管折扣率，因此可以改寫成 $Q(s,a) \leftarrow Q(s,a) + [r(s,a) + Q(s',a^*) - Q(s,a)]$。每一個項的意思如下：

- $Q(s,a)$：在狀態 s 的情況下，採取策略 a，預測會得到的獎勵

- $r(s,a)$：在狀態 s 的情況下，採取策略 a，真正得到的獎勵

- $Q(s',a^*)$：在狀態 s' 的情況下，採取最佳的策略 a^*，預測會得到的最大獎勵

接下頁

註13　選擇此策略的方式也有很多種，因此如何調整狀態探索之廣度也是相當重要的因素。

註14　研究指出人類大腦當中也有對應這種學習方式的神經細胞（W.Schultz et al., Science 275, 1593（1997））。

- $[r(s,a) + \gamma Q(s',a^*)]$：在狀態 s' 的情況下預測會得到的最大獎勵，加上從 s 走到 s' 真正的獎勵。這個數值剛好就是在狀態 s 的情況下，採取策略 a，預測會得到的最大獎勵

- $[r(s,a) + \gamma Q(s',a^*) - Q(s,a)]$：在狀態 s 的情況下，採取策略 a，預測會得到的最大獎勵，減去目前預測的獎勵值，即為應該更新的量

當我們一直更新，$Q(s,a)$ 就會收斂成最佳的策略。

利用深度學習進行 Q 學習

當狀態與可能採取的策略數量過多時，想要實際針對所有情況更新 $Q(s,a)$ 之值就變得不切實際了。一種解決方案是利用第 8 章介紹的深度神經網路來近似 $Q(s,a)$，稱為**深層 Q 學習網路**（deep Q network）。這種利用深度學習的做法非常強大，也已經在許多遊戲與實際應用當中發揮了超越人類想像的成果，但這類做法通常都會需要使用非常大量的計算資源。目前已經有很多強化式學習的演算法，但本書礙於篇幅，就不深入介紹了（編註：對於強化式學習的各種演算法有興趣的讀者，可以參考旗標出版的「**強化式學習：打造最強 AlphaZero 通用演算法**」；而對於如何將深度學習應用在強化式學習，可以參考旗標出版的「**深度強化式學習**」）。

Q 學習以外的方法

本節講解的是以 Q 學習為基礎，進行強化式學習的概念。這種做法稱為**基於價值**（value based）的強化式學習。而另一種學習使用何種策略來選擇動作的方法，則稱為**基於策略**（policy based）的強化式學習。

除此之外還有很多種方法，詳細內容可參考推薦書籍[註15]。

第 9 章小結

- 強化式學習是將代理人根據未知環境之情形學習適當行為之過程模型化。

- 強化式學習可以模型化人類的學習動作，並當成時間序列模型使用。

- 強化式學習可以當成訓練機器學習最佳策略的方法。

註15 R.S.Sutton, A.G. Barto的「Reinforcement Learning, second edition: An Introduction」（A Bradford Book）是被譽為「聖經」的強化式學習參考書（中文版由碁峰出版）；若要找簡單易懂的入門書，則可參考我部東馬的『強化学習アルゴリズム入門：「平均」からはじめる基礎と応用』（オーム社）。

MEMO

第10章

多體系統模型
(Many-body System) 模型

複雜的人類社會、生物個體、及大腦等系統,通常來自於「構成該系統之個別元素的集合」。透過聚集大量個別元素後,來分析其整體行為,則為多體系統模型,或稱代理人基(Agent-based)模型。本章將針對這類模型介紹幾款不同的建模方式,並藉由這些模型重現集體現象。

10.1 從微觀到宏觀

▊ 何謂多體系統模型、代理人基模型

　　當我們擁有可描述個別物體或代理人行為的模型後，便可將這些模型大量聚集起來，並觀察之間的交互作用[1]，這樣的模型稱為**多體系統**（many-body system）**模型或代理人基模型**（agent-based model）[2]（圖 10.1.1）。之前在 2.4 節介紹過的自然塞車發生模型與纖維素酶模型，皆屬於此類。我們可以利用這樣的建模方式研究「個別元素的微觀現象」與「整體呈現的宏觀現象」之間出現落差的原因，也可以在已知微觀行為的情況下，進行宏觀現象的預測。

▊ 模型的組成元素

　　多體系統模型在描述元素行為時，常會搭配第 4 章提到的微分方程式，或第 5 章提到的隨機過程（Random Process）一起使用。由於多體系統模型的核心為描述元素之間交互作用的方式，因此其關鍵在於「每一個元素會跟哪些元素產生交互作用」。

註1　這種相互影響的作用稱為交互作用。此外，依照該影響之強弱，還可再分為「強、弱交互作用」。

註2　因使用領域不同而有不同的稱呼方式。多體系統源自於物理學，代理人基模型則是資訊工程領域的術語。另外還有一種說法是多重代理人（Multi-agent）模型。本書之後將統一稱為多體系統模型。

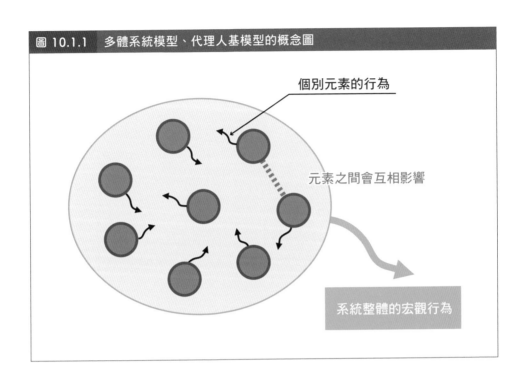

圖 10.1.1 多體系統模型、代理人基模型的概念圖

個別元素的行為

元素之間會互相影響

系統整體的宏觀行為

以下為 3 種典型的交互作用方式（圖 10.1.2）：

1. 各元素均以相同強度與所有元素進行交互作用

2. 各元素均擁有二維或三維空間中的「位置資訊」，並只與周圍的元素進行交互作用

3. 元素之間已有預設的特定連結（網路結構），並只與連接到的元素進行交互作用

第 1 種方式是所有元素之間都進行同樣的交互作用，這些元素的集合稱為均勻混合群體（well-mixed population）。通常這種交互作用的群體所產生的現象，較易使用數學方式分析[註3]。

第 2 種方式是當模型擁有空間資訊時（當各元素「位於何處」為重點時），假設距離較遠的元素之間不會進行交互作用。元素移動時，與其進行交互作用的對象也會隨之改變。

第 3 種方式則是指哪個元素會與哪個元素進行交互作用都已事先決定好的情形。而描述此系統之元素，以及元素之間連接方式的資訊，統稱為網路結構（network）。其中用於連接元素的稱為**連結**（link），被連接起來的各元素則稱為**節點**（node）[註4]。網路結構對系統的動態行為有相當大的影響（10.3 節）。

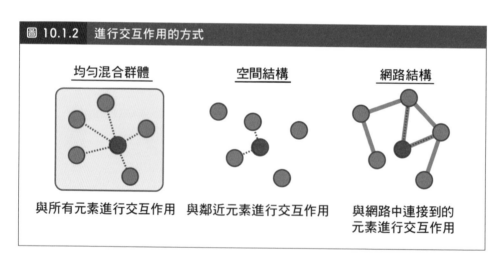

圖 10.1.2　進行交互作用的方式

均勻混合群體　　空間結構　　網路結構

與所有元素進行交互作用　與鄰近元素進行交互作用　與網路中連接到的元素進行交互作用

註3　由於系統的動態行為在此假設下的自由度較高，因此通常很容易達到明顯的穩定狀態。而其後介紹的空間結構與網路結構，則因限制了交互作用的方式，而經常產生複雜的現象。

註4　數學圖論將網路結構稱為圖形（graph），連結稱為分支（branch）或邊（edge），節點則稱為點（vertex），但都是指同樣的東西。

時間與空間的離散化

　　由於多體系統模型必須使多個元素的數學模型同時動作，因此不僅理論分析較為困難，模擬時的計算成本也相當可觀。因此，模型化前通常會將時間或空間以離散方式分割，進行簡化。此過程稱為**離散化**（discretization）（圖 10.1.3）。時間離散化後，每一單位時間稱為**時步**（time step）；空間離散化後，每一單位空間稱為**單元**（cell）或**位置**（site）。

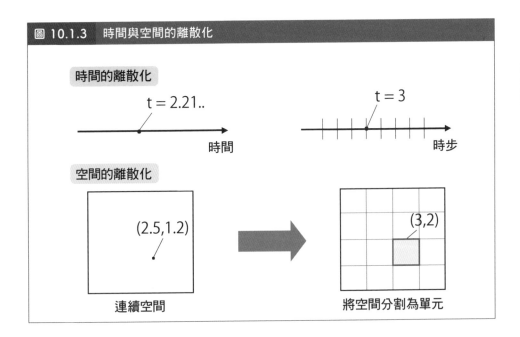

圖 10.1.3　時間與空間的離散化

時間的離散化

t = 2.21..

時間

t = 3

時步

空間的離散化

(2.5,1.2)

連續空間

(3,2)

將空間分割為單元

　　我們可以用「象棋」來說明此概念。首先，象棋的對戰方式是由對弈雙方輪流各下 1 手，因此只要將下棋過程編號為「第幾手」，就可以描述某一時刻棋盤上的狀況，這就是時間的離散化。此外，象棋的空間被劃分成了 8x8 的格子，因此只要指定縱向與橫向的格子編號，便能特定出棋子的位置，這就是空間的離散化。時間與空間皆經離散化後的確定性系統（編

註：系統中的元素以固定的流程運作，而非含有隨機性），稱為**細胞自動機**（cellular automaton）註5。

而將時間離散化後，接下來的問題就是要指定各元素該以何種順序運作、更新。以每 1 步都只能移動 1 個元素的象棋為例，隨機挑選各元素以進行更新的方法，稱為**隨機更新**（random update）；按照固定順序進行更新的方法，則稱為**循序更新**（sequential update）註6。此外，在 1 個時步中同時更新並移動所有元素的方法，稱為**平行更新**（parallel update）。

離散化雖然是非常方便的簡化方式，但可能也會破壞現象的本質，因此執行時請務必小心謹慎註7。

▌利用宏觀變數描述系統行為之特徵

有各元素的模型後，就可以決定要分析何種宏觀變數。比如說，是否會發生自然塞車的「車流量」，或是在描述傳染病傳播之模型中的「整體感染率」，都是屬於待分析的宏觀變數。決定好宏觀變數後，便可調整模型的參數，觀察宏觀變數是否變化來進行分析。

模型眾多參數當中，那些能夠表現目標系統的參數，一般會稱其為**有序參數**（order parameter）。當有序參數在分析過程中因其他模型參數的改變而產生急速變化，使系統轉變為不同狀態時，則稱此現象為**相變**（phase transition）

註5　康威生命遊戲（Conway's Game of Life）就是非常知名的細胞自動機。

註6　由於象棋要移動哪顆棋子皆由對弈者自由決定，因此都不屬於這些做法。

註7　其實只要是利用電腦對連續系統進行數值模擬，在某種意義上就一定會進行離散化。但實作時（尤其是針對非線性現象）選擇的離散化方法，除了可能產生誤差之外，還可能會造成與系統本質完全相反的行為。因此像在流體力學的領域當中，「如何使方程式離散化以進行數值計算」，就是相當重要的一項研究主題。

小編補充 理想的建模，會希望模型當中有部分參數可以反應目標系統的改變，並將這些參數稱為有序參數。如果建模很完整，則目標系統發生劇烈變化，對應的模型有序參數也會有急遽變化，這時我們稱為相變。劇烈變化是一個宏觀的概念，因為目標系統以及數學模型可能無時無刻都在改變，只是這種些微變化只有在微觀的時候才能發現，這也許不是我們在意的事情，我們主要關注的是待分析的宏觀現象，即為我們設定的宏觀變數。

模型的分析方式

多體系統模型的分析方式大致上可分為 2 種。

第 1 種是理論分析。當交互作用與個別元素的行為都完全遵守相同的規則時，便可試著利用本書之前所講解的理論分析（或根據問題進行更高級的分析）。物理學中的統計力學便是以此分析法為主。

第 2 種則是利用模擬進行分析。也就是實際讓模型「動起來」（數值模擬），並藉由結果進行深入了解或現象的預測。由於這類模型即使呈現出複雜行為，基本上也不會像機器學習模型一樣存在難以解釋的潛在變數，而且模擬過程中所產生的一切現象都可測量，因此將能以各種角度檢視我們對於結果的解讀方式。

此外，有些系統可以透過刻意更改模型中的參數來了解其特性。但這類模型在實作時，就必須自行從零開始建模了（可使用自己偏好的程式語言，如 C++、Python、MATLAB、及 Java 等）。

接下來，我們來看看幾個模型的具體實例吧！

10.2　各種集體現象模型

動物群體模型

一般鳥類和魚類都會集結起來一同移動。但這種動物群體究竟是如何形成和維持的呢？

為了解群體是如何由單獨個體運動發展而成，研究人員提出了許多不同的多體系統模型。像接下來要介紹的維澤克模型（Vicsek model），便是其中之一 註8。此模型中的個體（粒子）會在二維平面上移動。所有粒子的移動速度皆相同，且移動方向只會根據周圍的情況做改變（圖 10.2.1）。

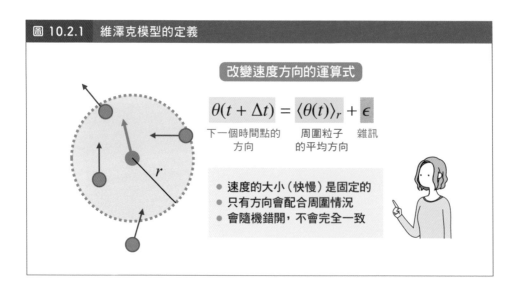

圖 10.2.1　維澤克模型的定義

改變速度方向的運算式

$$\theta(t + \Delta t) = \langle \theta(t) \rangle_r + \epsilon$$

下一個時間點的方向　　周圍粒子的平均方向　　雜訊

- 速度的大小（快慢）是固定的
- 只有方向會配合周圍情況
- 會隨機錯開，不會完全一致

我們先單獨看看模型中的粒子會採取何種行為吧！

註8　原著論文為 T.Vicsek et al., Phys.Rev. Lett.75, 1226（1995）。

首先，它會根據半徑 r 以內的粒子移動方向計算出周圍的平均方向。接著在下一個時步中，粒子會往平均方向移動。但移動時，不會與周圍平均完全一致，而是會根據平均方向，再加上一些隨機值，得到的結果才是真正的移動方向。

每個時步中，粒子都會根據周圍的平均方向來移動並改變位置，且所有粒子都會同時執行此步驟。

由於當以這種方式更新粒子的行為時，能夠產生出與動物群體非常類似的結構（圖 10.2.2），因此我們可推測這種「配合周圍方向」的交互作用，與形成動物群體的根本原因是有相關的[註9]。

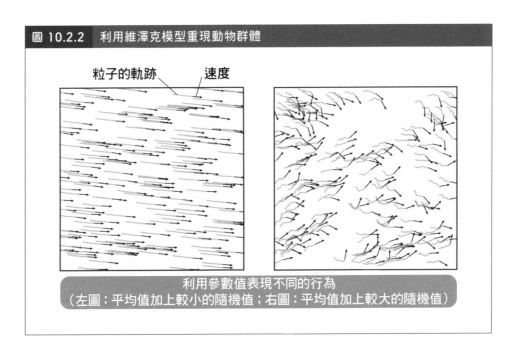

圖 10.2.2　利用維澤克模型重現動物群體

粒子的軌跡　　速度

利用參數值表現不同的行為
（左圖：平均值加上較小的隨機值；右圖：平均值加上較大的隨機值）

註9　目前已發現還有許多粒子之間的交互作用也與動物群體的形式和性質有關。此外，另一種在研究動物群體的領域中也很出名的柏茲模型（Boids model），則是利用方向的對齊、分離（若靠得太近就分開）與聚集（往整個群體的中心靠攏）等 3 種元素，來重現鳥類的群體行為。

同步（Synchronization）現象模型

我們的心臟是由很多小小的、不停跳動的心肌細胞所組成的。當這些心肌細胞一起以同樣的節奏跳動時，就會使整顆心臟產生出較大的跳動，也就是心跳。這種週期性產生規律運動的現象，稱為**同步**（synchronization）現象。比如說一群螢火蟲以同樣的節奏發光，就是一種同步現象。

而接下來要介紹的**藏本模型**（Kuramoto model），則是用來理解同步現象的一款經典模型。

藏本模型使用**相位**（phase）變數來表現元素的振動。如果用秒針在時鐘上繞圈的樣子來解釋這個概念的話，秒針所指向的位置即為相位，而秒針移動的速度則是由圖 10.2.3 中的常微分方程式來決定的。

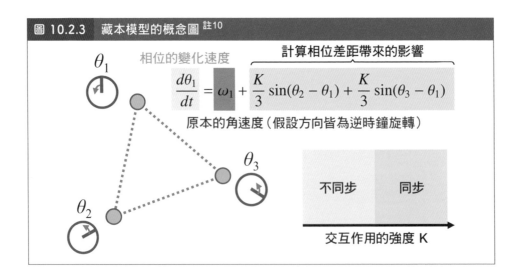

圖 10.2.3　藏本模型的概念圖[註10]

相位的變化速度

計算相位差距帶來的影響

$$\frac{d\theta_1}{dt} = \omega_1 + \frac{K}{3}\sin(\theta_2 - \theta_1) + \frac{K}{3}\sin(\theta_3 - \theta_1)$$

原本的角速度（假設方向皆為逆時鐘旋轉）

不同步　　同步

交互作用的強度 K

簡單來說，這個模型中的每一個元素（稱為**振子**，oscillator）都會以自己的速度移動秒針，但是當指針指向的位置與其他振子不同時，它會根據自己的位置與其他振子的相位差距，來調整自身的速度[註10]。由此模型可

註10　使用 sin 的好處是能在差異超過一圈以上時，取得實質上的角度差異。

知，當交互作用（對準時間的力量強度）增強時，原本旋轉速度並不相同的振子，相位也會逐漸趨於一致，最終整體將達成同步。

此模型適用於一定程度的理論分析，如穩定性分析等。

人類行為、決策模型

在人類社會當中，所有人皆採取合理行動，最後卻導致所有人皆蒙受其害的問題，稱為社會困境（social dilemma）。舉例來說，環境問題需要所有人皆投入成本共同維護，但若能只有自己偷偷不合作（比如說自己隨地丟垃圾是最輕鬆、方便），對個人而言其實是很合理的選擇。只是當每個人都採取這樣的行動時（大家都隨地丟垃圾，結果大家都一起生活在髒亂環境而影響健康），最終必然會導致環境遭受破壞而危及到所有人。

社會科學中有許多領域（如賽局理論等）都在研究人們處於這些情況下的行動。尤其是針對「為何在出現社會困境的情況下，還能夠維持整體合作？」的主題，有很多不同的研究都使用到了多體系統模型。

這類型的研究經常使用**囚犯困境**（prisoner's dilemma game）來實驗註11（圖 10.2.4）。它的玩法和猜拳有點類似，玩家在遊戲中會先選擇要「合作」或「背叛」，再依照對手玩家採取的動作獲得相應的分數。舉例來說：

註11 公共財賽局也是經常會使用到的實驗。玩家們在遊戲中要投資一家企業，而企業所得到的利潤將平均分配給所有玩家。當每個玩家都將所有財產投資進去時，所有人都將獲得最高的利潤，但由於完全不投資也能分得利潤，因此會讓玩家產生「搭便車」的動機。

　　當 2 名玩家皆選擇合作時，2 人皆可得到 4 分。當只有一方選擇背叛時，背叛者可得到 5 分，被背叛者則為 0 分。若 2 人都不想被對方背叛，而選擇背叛對方，則 2 人都只能獲得 1 分。研究人員經常藉由反覆進行並分析這類遊戲的過程，來模型化人類社會中的合作現象。

圖 10.2.4　利用囚犯困境進行模型化

每個人在下一個時步會採取何種行動？

類似演化論的做法

模仿周圍獲得最高分的方法
→ 較強的戰略將得以倖存

類強化式學習的做法

更新在環境中選擇合作與背叛的價值
・Q 學習
・抱負學習

自己合作時
對方也合作 → 2 人都得到 4 分
對方背叛 → 自己得到 0 分，對方得到 5 分

自己背叛時
對方合作 → 自己得到 5 分，對方得到 0 分
對方也背叛 → 2 人都得到 1 分

　　使用多體系統模型時，必須先設定玩家數量，並決定哪些玩家會是遊戲中的對手。這可以透過建立網路結構，或以各玩家依序執行 1 回合的方式來進行遊戲。

假設模型中的玩家在每個時步中都必須選擇要合作或背叛，則可以想見玩家每次的決策都會受到前幾回合的結果影響。比如說，若之前選擇合作時，對方也都選擇了合作，玩家就可能傾向繼續維持合作關係，但也可能考慮趁這次背叛，以獲得更高的分數。

而更新此動作的代表性做法，大致上可分為 2 種。

一種是**類似演化論的做法**。玩家會先參考其他對戰玩家的得分，再模仿得分最高之玩家所採取的策略 註12。如此一來，適應環境的策略就會生存下來，而無法適應的策略則會被淘汰。

另一種則是強化式學習的做法。其方法是根據每回合的遊戲結果更新每個策略的價值。實作上可使用第 9 章介紹的 Q 學習及抱負學習等。

我們可以先以其中 1 款模型做為假設，讓各玩家實際根據模型來選擇策略，以獲得所有遊戲玩家的得分。接著再根據得分更新各玩家的動作，並使其選擇下一個策略。目前正在進行的研究當中，有些就是利用這些模型來解釋受測者在進行相同實驗時所表現出的行為，有些則是用來尋找維持合作行為的必要元素。此做法除了囚犯困境之外，也可應用於其他實驗當中。

註12 利用 9.1 節介紹的費米統計，以機率來選擇動作就是一種常用的做法。

10.3　交互作用的網路

利用網路結構檢視問題

我們之前曾經介紹過網路結構的建立方式，它是多體系統模型用來指定交互作用的方法之一。有時研究網路結構就可以解釋目標系統，因此相關研究已經成為一門學術領域，稱為**複雜網路科學**（complex network science）[註13]。

本節將會介紹幾種基本的網路結構分析法。

連接到其他節點的數量

網路結構中，一個節點連接到的節點數量，稱為其**分支度**（degree），一般會用字母 k 來表示。我們只要計算出每個節點的分支度，就能獲得分支度的出現分佈 $P(k)$，稱為**分支度分佈**（degree distribution）。分支度分佈是用於描述網路結構特徵的重要指標。

真實世界中的網路結構，通常分支度分佈都會是冪次分佈，意思是該分佈會符合冪次法則，也就是 $P(k) \propto k^{-\gamma}$ [註14]。這類型的網路結構稱為**無**

註13　若要找入門書籍，可參考田直紀及今野紀雄的「複雜ネットワークの科學」（業図書）。

註14　這種分佈的特性（簡單來說）就是無論多大的值都有可能出現。舉例來說，若人類身高為平均值 170 cm 的常態分佈，則不可能會出現身高達平均值 10 倍 = 1,700 cm 的人類。但若隨機變數為冪次分佈，則即便是如此大的值，出現機率都不可忽略。各位可以想像一下年收入的分佈，應該就很好理解了。由於這類網路結構對分支度的大小沒有限制，也就是沒有一般用於標示大小之指標（= 尺度），因此稱為「無尺度」網路。

尺度網路（scale-free　network）（圖 10.3.1），我們在現實生活中就可以看到許多例子，比如說機場之間的航空網路和網站之間的網際網路等。無尺度網路所表現出來的現象會有一些特徵，比如說動態行為的傳播速度較快，或連結較多之節點（稱為集散點，hub）會擁有居主導地位的影響力等。

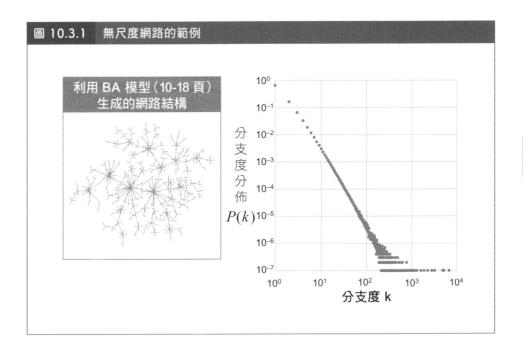

圖 10.3.1　無尺度網路的範例

物以類聚？

在某些情況下，「與分支度為 k 之節點連接的節點分支度為何？」也是相當重要的指標。比如說大腦網路呈現分支度較高的節點間會互相連結的結構，稱為**富人俱樂部**（rich　club）。此外，用於表示分支度相同之節點間建立連結之傾向的指標，稱為**相稱性**（assortativity）。

利用移動的方便性來描述網路結構之特徵

網路結構中，一個節點利用最短路徑移動至另一個節點的途中，必須經過的連結數，稱為**最短路徑長度**（minimum path length）。以機場之間的航空網路為例，假設機場為節點，一條航線為一條連結，則最短路徑指的就是從一個機場飛往另一個機場，最少必須搭乘的航線班次。若針對所有節點計算兩兩之間的最短路徑長度，並取其平均，則可獲得**平均路徑長度**（average path length）。這個指標可用來表示在網路結構中移動的方便程度。

現實世界中的網路結構，平均路徑長度通常都出乎意料地短。比如說，世界上雖然有將近 4,000 座的機場，但其實平均路徑長度（平均航線次數）大約只有 3 而已。此外，或許有些讀者有聽過「六度分隔理論」一詞，它的意思是世界上的任意兩個人，都只要透過約 6 個中間朋友就能夠認識彼此。這類網路結構都屬於**小世界網路**（small-world network）。而表示網路結構有多接近小世界網路的指標（小世界屬性，small-worldness），則是經常用來描述網路結構的特徵。

利用「中心性（Centrality）」描述重點節點之特徵

在計算所有成對節點之間的最短路徑時，這些路徑通過某個節點的比例，稱為該節點的**中介中心性**（betweenness centrality）。此指標經常用來描述在網路結構的資訊傳遞或輸送現象中，位居關鍵位置之節點的特徵。

除此之外還有許多不同的中心性概念，都可以應用在不同的問題上。比如說，單純只看分支度大小的**程度中心性**（degree centrality），以及關注節點與其他節點之距離的**接近中心性**（closeness centrality）等。

「朋友的朋友」也會是朋友嗎？

在人類的友誼網路中，通常自己的朋友們彼此之間也會是朋友。這種情況若以節點和連結來表現，會是一個人際關係的三角形（圖 10.3.2）。而計算網路結構中有多少三角形的係數，則稱為**群聚係數**（clustering coefficient）。群聚係數越高，表示節點集結成群的程度越高。

此外，透過少數連結將幾個群聚係數較高（連結較密集）的群連接在一起的結構，稱為**社群結構**（community structure）。這種網路結構的特徵之一，是動態行為在社群中與社群外的傳播方式並不相同。

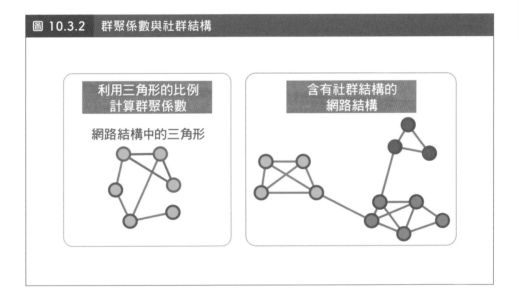

圖 10.3.2　群聚係數與社群結構

利用三角形的比例計算群聚係數

網路結構中的三角形

含有社群結構的網路結構

建立隨機的網路結構

接下來要介紹的是幾種生成網路結構的方法。

第 1 種是隨機網路（random network）。此生成法顧名思義，就是隨機在節點之間建立連結。假設節點數為 n，則相異節點之間可建立的連結總數即為 $\frac{n(n-1)}{2}$，而此做法便是以機率 p 在這之間挑選出要建立的連結。由於隨機網路不具有「無尺度」的特性與社群結構，因此經常會用來當成基準比較對象[註15]。

這種網路結構生成模型也稱為 **ER 模型**（艾狄胥 - 雷尼模型，Erds-Rnyi model）（編註：不是資料庫的 ER 模型喔）。

無尺度網路的基本模型

第 2 種是 **BA 模型**（巴拉巴西 - 艾伯特模型，Barabsi-Albert model）。它是用來生成具無尺度特性之網路結構的代表性模型（圖 10.3.3）。這種模型是以一次新增一個節點的方式來建立網路結構。新增節點時，新節點會與固定數量的既有節點產生連結，如果既有節點具有較高的分支度，則比較容易被新節點選中。換句話說，這種做法會使擁有較多連結之節點較容易獲得新連結。這稱為**偏好連結**（preferential attachment），是無尺度特性的本質之一。

根據此規則增加節點與連結時，具較高分支度之節點將不斷獲得新連結，使分支度越來越高，最終則會建立出度分佈為 $P(k) \propto k^{-3}$ 之網路結構。

註15　這種模型稱為虛無模型（14.4 節）。

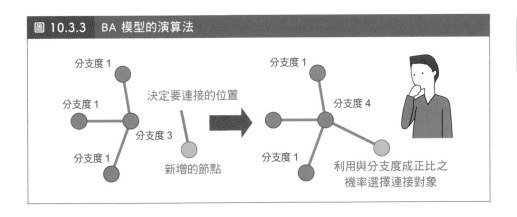

圖 10.3.3　BA 模型的演算法

分支度 1
分支度 1
決定要連接的位置
分支度 3
分支度 1
新增的節點
分支度 1
分支度 1
分支度 4
分支度 1
利用與分支度成正比之機率選擇連接對象

構形模型（Configuration Model）

最後，若要建立可指定分支度分佈的隨機網路結構，則可利用**構形模型**（configuration model）。此模型會先根據分支度分佈將連結分配給各節點，再隨機決定節點間的連接方式（圖 10.3.4）。

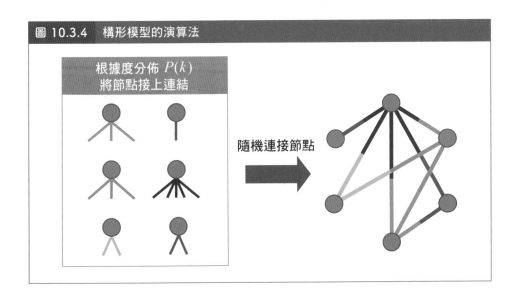

圖 10.3.4　構形模型的演算法

根據度分佈 $P(k)$
將節點接上連結

隨機連接節點

第 10 章小結

- 觀察個別元素之行為,與個別元素在交互作用後,整體所呈現之行為的模型,稱為多體系統模型、代理人基模型。

- 個別元素之模型可根據問題選用微分方程式模型、機率模型或強化式學習模型等。

- 有時研究決定交互作用方式的網路結構本身,即有助於了解整體的動態行為。

第三篇 摘要

第三篇介紹了幾款分別適用於不同目的及問題的模型。雖然因篇幅有限,各種主題都只能帶到基礎內容,但相信讀者已能藉此掌握大致概念與各領域常用的模型類型。

目前為止,我們都是針對 1 個特定的主題介紹各種可能的做法,比如說「如何將事物隨時間變化之過程模型化」等。不過接下來的第四篇,我們將會實際說明該如何從這些選項中挑選出適合的模型,並介紹該模型的應用方式。

第四篇
建立數學模型

第四篇要介紹的是實際使用數學模型時必須掌握的
知識，包括模型在不同目的下，使用方式的差異、
建模方式之選擇、參數估計、以及模型優劣之評估
等。此外，為使數學模型充分發揮作用，我們也將
說明取得資料時應注意的要點、建立模型之訣竅，
並探討由數學模型導出之結論所代表的意義。

第11章

決定模型的因素

雖然之前的章節已經介紹過許多不同種類的數學
模型,但實際上遇到待分析的問題時,該如何從
中挑選適合的模型呢?本章將說明根據資料的性
質與問題的種類,選擇模型的方式及過程中的注
意事項。

11.1　數學模型的性質

數學模型之目的

　　我們在第 2 章曾經提過，數學模型的建立方式會因為使用目的之不同而有相當大的差異。但基本上可分為 2 種策略：理解導向建模及應用導向建模。理解導向建模是要了解現象發生機制，但這一點對於應用導向建模來說並非必要，因為它追求的是應用時的性能表現。

　　我們直接以範例來說明吧！

　　我們在實驗室拍攝老鼠動作的影片，並且建立一個模型來自動判斷老鼠現在的狀態（如睡眠及進食等）。這種建模方式雖然也可以理解老鼠動作的原理 ，但以此數學模型的功能來看，其目的就只是要正確地為各種動作貼上標籤而已，因此應歸類於應用導向建模。至於「建立出來的數學模型是藉由何種內部機制來判斷老鼠的狀態」，在此範例當中相對沒有那麼重要，因為它真正在意的只有「能否正確貼上標籤」而已。我們一般在判斷要使用何種數學模型時也是這樣，重點是先釐清對於數學模型的期待。

建模仰賴試誤法

　　數學模型的建模過程大致包含以下 4 個步驟：

（1）定義問題與目的

（2）決定使用的模型

（3）進行參數估計

（4）評估模型之效用（性能）

但這套流程不太可能只跑一次就完成。因為實際執行時,使用的資料及欲分析之現象都有可能影響到適合的建模方式,必須一一針對模型微調。因此建立數學模型的過程中必須反覆檢查,若有必要就進行修正並再次檢查(圖 11.1.1)。

重要的觀念在於每一個步驟都要反覆檢查,而不是四個步驟全部做完才檢查,並且有時候要回頭檢視最開始的問題設定是否需要調整。

此外,還有一個重要的工作,就是自己先看過資料。這一點非常重要。因為將資料以各種方式繪製之後,常會發現「其實這個問題根本不需要用到數學模型就能解決」。當然,若遇到這種情況,就不需再依賴數學模型了,只要進行簡單的分析即可。有時候即使資料整體看似複雜,但在觀察想要分析的變數之後,也會發現只要使用簡單的演算法,便能夠解決問題。

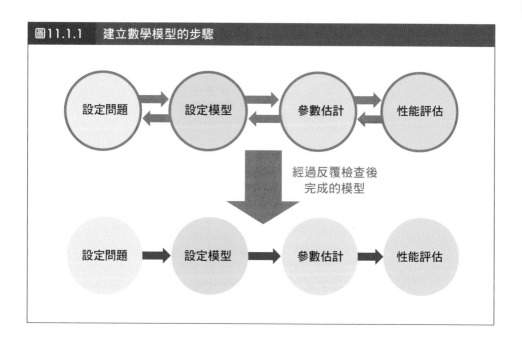

圖11.1.1　建立數學模型的步驟

設定問題　→　設定模型　→　參數估計　→　性能評估

經過反覆檢查後
完成的模型

設定問題　→　設定模型　→　參數估計　→　性能評估

確定性模型 v.s. 機率模型、統計模型

數學模型可以依據「是否具有確定性」，大致分為 2 種類型。確定性數學模型指的是未使用到機率概念之模型。較具代表性的有第 3 章介紹過的方程式模型，以及第 4、10 章中利用常微分方程式進行描述之模型。

這類模型在給定條件相同的情況之下，無論執行幾次都會出現同樣的行為。雖然實際在進行資料分析時，資料通常都會因為各種原因而出現差異，因此應該要使用含有機率統計元素之模型。但若是要了解資料的定性行為或平均行為，則在可忽略雜訊的條件之下，也可以採行確定性模型。

因為有時候即使單一資料之間存在差異，其平均值也能夠將該差異撫平。舉例來說，若投擲 10 枚硬幣，並計算當中出現正面的比例，則每次實驗結果的正面數會略有差異。但若投擲 1 億枚硬幣，則當中出現正面的比例應該會極為接近 0.5。若我們要分析的是這種可以完全忽略機率的行為，即可使用確定性模型。

含有機率元素之模型的好處，同時也是壞處，就是它在隨機變數的描述上會有不確定性。因此若想要能夠完整解釋「某個值（而非分佈）」的理解導向模型，則通常不會使用這種模型。

檢視可使用之模型

如果進行的是典型分析，則即便是新型態的資料，通常也能藉由既有的數學模型及分析手法來達成效果。但有時候既有模型也無法完全達成預期目標。這時候就必須建立新模型了。但是在著手建立之前，必須先充分審視既有模型，確認是否真的無法達成目標，並具體指出問題所在[註1]。

註1　在學術研究的領域當中，若已有其他數學模型能夠達成相同效果，則在提出新模型時，就必須說明為什麼需要導入新的模型。因此，一定會徹底研究既有的模型，而且通常也會針對數款模型進行測試。

11.2 理解導向建模的要點

▌ 何謂易於理解之模型？

理解導向建模最終目的是理解目標現象或資料的生成規則，因此建立出易於理解的數學模型是非常重要。而易於理解的模型，通常會滿足以下條件（不一定需要同時滿足所有條件）：

- 參數的數量較少

- 使用的函數較簡單

- 模型中的各元素（數學結構、變數、參數）皆可直觀理解

- 可使用數學方式分析（編註：可以算出數學解析解，或是可以算出穩態解之類）

因為即便是能夠充分解釋欲分析資料的數學模型（第 14 章將再對此詳細說明），當其中參數數量較多，或使用之函數較複雜時，要判斷該模型之行為究竟是**剛好與資料一致，還是真的有捕捉到本質，難度都會被提高**。此外，還有一點很重要的是，模型中的所有元素都要能用言語清楚說明（必須說服他人為何要將該元素納入模型）。**由數學模型導出的論證強度，將與模型中邏輯最弱之處具有同樣（或更低）的強度**（圖 11.2.1）。因此若要提出強而有力的結論，則模型中包含各元素的理由，都必須在邏輯上具有令人信服的解釋（為何要使用這種變數、數學結構或參數）。

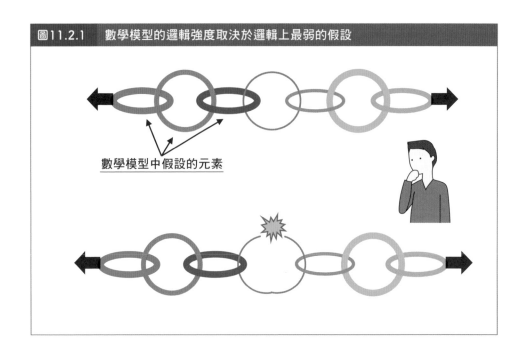

圖11.2.1　數學模型的邏輯強度取決於邏輯上最弱的假設

數學模型中假設的元素

模型並非只要簡單就好，要能解釋資料

　　但無論有多容易理解，只要無法解釋資料，模型就沒有意義了。因此理解導向建模永遠都得在「能夠解釋資料的程度」與「模型的複雜程度」之間尋求平衡。這也是之前提到，建模過程中每個步驟必須反覆檢查的原因。而如果與資料的吻合程度相當，則基本上應選擇較易理解的模型。

欲理解之深度與建模方式

　　現象的機制是有層級之分的，想要理解的層級也會影響到適合使用的模型。以時間序列資料為例，如果只需要敘述性的「理解」，比如說有多少趨勢或循環變動等因素存在，則使用第 7 章介紹的時間序列模型，觀察取得的參數或推測出來的變數變化即可。

　　但若想要知道產生出該動態行為之機制，則必須根據問題選擇使用動態系統、強化式學習或多體系統等建模方式。

　　而**建模過程的重點，則是在模型當中以數學方式描述希望理解或取得解釋之層級**。還記得第 4 章介紹個體數變化時提到的洛特卡-沃爾泰拉模型嗎？該模型就是利用了可以合理解釋並具有意義的運算式來描述個體數的變化速度，讓我們可以藉此來解釋個體數變化的發生機制。

數學模型與推論

　　若數學模型可以充分描述變數之間的關係性以及動態行為，則由此可推論的第一件事，就是**這些變數的運作方式**（在還不知道模型是否正確的情況）。接下來，若進一步假設該模型是正確的，則還可以再藉此進行各種推論或預測。若能進行符合邏輯的推論（比如說，以數學方式計算出某種量），則**推論結果之可靠性，將與模型的可靠性一致**。

模型無法解釋比自身描述之層級更深入之機制

　　但上述模型**對於更根本的機制，例如「為何會生成此處所假設之動態行為？」是無法提供解釋的**。若想要了解，就必須再針對該層級進行建模（圖 11.2.2）。

　　舉例來說，若利用統計模型來表現資料的統計分佈，則可以主張該資料符合模型敘述，也可以計算在此情況下會產生何種現象，但不能對「為何會出現該分佈？」做出結論。不過，若能說明直接針對目標系統之行為建模的結果，會產生出相同的統計分佈，就能藉此理解該假設行為呈現出該分佈的機制了。

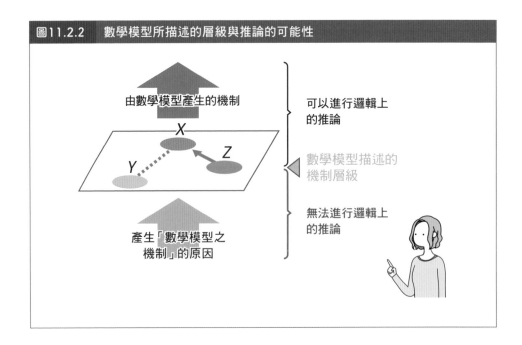

圖11.2.2　數學模型所描述的層級與推論的可能性

由數學模型產生的機制

可以進行邏輯上
的推論

數學模型描述的
機制層級

產生「數學模型之
機制」的原因

無法進行邏輯上
的推論

　　資料也是同樣的道理。我們可以從取得的資料當中，推論出該資料是
藉由何種規則生成，但是要知道為何會出現這種機制，則必須再取得更進
一步的資料。舉個簡單的例子來說，我們或許能夠掌握人類表面行為的原
則（比如說，只要將某項商品的包裝設計成某種樣式，就能夠提升銷售），
但對方心裡到底是怎麼想的（或根本只是無意識的行為），我們除了想像，
其實也別無他法[註2]。

　　因此，**確實了解「手邊資料能匹配什麼層級的模型」是非常重要的概
念**。

註2　雖然這樣寫，大家都會覺得理所當然，但實際在進行資料分析時，還是常有人
　　在思考能不能做到這件事情。

11.3　應用導向建模的要點

▌ 定義問題

雖然應用導向建模重視的是模型的目標達成度，但是在討論達成度之前，更重要的應該是先將「目標」明確地定義出來。最近常會聽到有人說：「是不是只要有資料，就可以拿來做點什麼」。但實際上在解決問題時會發現，要具體地決定評價指標，通常是很困難（而且在具體討論問題之前，至少必須先了解數學模型能夠達成什麼目標）。如果要將設定問題的步驟公式化，則第一步應該就是以數字表現出欲達成之目標或問題。比如說「在○○的分類問題當中，準備輸入資料為 ××，輸出資料為△△之標籤，並以該標籤之預測正確率做為評價指標。」不過之後也會談到，很多評價指標雖然看似合理，但實際讓模型運行之後，會發現並不實用（詳情請見 14.2 節）。

此外，執行成本也可能會成為問題。比如說，是只要建立模型並執行 1 次分析之後就結束呢？還是必須持續取得資料並更新模型呢？這兩種情況的成本需求是不一樣。一般來說，使用深度學習的模型成本都非常高昂，不太適合用於需要頻繁更新的情形。

▌ 重視性能的模型選擇方式

應用導向建模與理解導向建模的不同之處，在於應用導向建模最終選擇模型的決定因素，為模型性能之優劣。因此比較性能優劣的指標對於「模型的選擇」而言相當重要。我們也可以根據問題，選擇使用各種適合的指標（詳情請見第 14 章）。

▌資料的性質

能夠使用的資料類型也是相當重要的影響因素 註3。**數學模型其實只是重現出給定資料的生成規則**，而非直接重現真實世界中的現象。因此若給定資料帶有偏見，或存在許多誤差及缺失值，則都將直接反映到模型的性能表現上。

此外，若是原本就不可能從指定資料中導出結論的問題，則數學模型也無法提供任何協助。比如說，不管再怎麼努力，光是擁有東京 23 區的氣溫資料，也不可能準確預測出某支股票的股價吧！因為關鍵是缺少了能夠協助解決問題的資訊。這一點在此範例當中可能看起來很明顯，但實際上這種問題還是會出現在一些難以看清的情況當中。

能夠使用的資料維度及樣本大小，同樣也會影響能夠使用的模型種類。圖 11.3.1 是（改編自）由機器學習函式庫 scikit-learn 所提供的模型選擇指南。如此圖所示，我們必須根據問題及資料量來選擇適合的模型。

註3　由於資料即使到手了，也常會需要進行大量的預處理，才能除掉像是格式不
　　一、有缺失值或異常值等各種問題，因此實際上的確會出現因整理資料的成本
　　過高而無法繼續建模的情形。

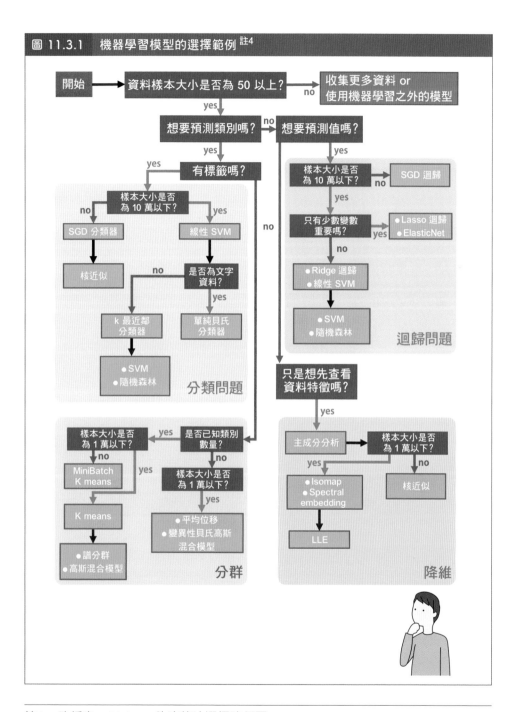

圖 11.3.1 機器學習模型的選擇範例 註4

註4 改編自 scikit-learn 的演算法選擇路徑圖
（https://scikit-learn.org/stable/tutorial/machine_learning_map/index.html）

第 11 章小結

- 決定數學模型之前，請先檢查使用目的及可運用之資料。

- 欲分析之資料性質也是決定模型的重要元素。

- 進行理解導向建模時，模型的選擇取決於欲理解之層級。

- 進行應用導向建模的重點是將真正欲達成之目標正確地納入評價指標當中。

第12章

設計模型

確認當前的問題之後，接下來就要具體設計數學
模型了。在此階段當中，我們必須根據問題來決
定使用什麼變數、套用什麼數學結構、以及引入
什麼樣的模型參數。本章將針對此決策過程中的
重點及注意事項進行說明。

12.1 　變數的選擇

▌必須包含的變數與不需包含的變數

　　如之前所述，只要數學模型的性能不變，其中包含的變數數量就是越少越好。因為變數數量一旦增加，就有可能降低模型的可解釋性、增加參數估計的成本、以及提高過度配適的風險。這類問題通常稱為**維度的詛咒**（the curse of dimensionality）。但因為模型中仍需要足夠的變數才能有好的效能，因此決定將哪種變數納入模型當中，就非常關鍵[註1]（圖 12.1.1）。而選擇變數的最高指導原則為：從問題中了解可能有用的變數，儘量蒐集此變數相關資料。

▌變數的可解釋性

　　進行理解導向建模時，若該變數無法說明與現實之間的關係，應盡量排除。因為包含這類變數將導致使用模型解釋問題時，無法在該變數上做邏輯推論。

▌刪除不相關的變數

　　很基礎的一個觀念：不要將那些與問題本身無關的變數納入模型。比如說資料的 ID 編號[註2]。此外，在理解導向建模的過程中，若發現有多個

註1　這看起來是很理所當然，但是當資料很龐大，可能需要仔細判斷。

註2　當模型中含有 ID 編號時，乍看之下或許模型準確率獲得了提升，但這只是因為 ID 中原本就帶有與實驗條件相關之資訊（例如編號前半段使用條件 A，後半段則使用條件 B）。這種情形稱為資料「洩漏（leakage）」（14.4 節）。

變數在本質上似乎帶有相同資訊，則建議只使用較具代表性的變數，或適當執行降維以減少變數數量。舉例來說，若心理學實驗的受試者在解決問題時，分數與所需時間之間有強烈的負相關（也就是說成績較好的受試者只需要使用較短時間便能解決問題），則在模型中可以只使用分數就好[註3]。

　　此外，若有一個變數看起來很重要，且獨立於其他變數，則即使分析結果顯示將其刪除也不會有影響，一開始還是先將其包含在模型當中會比較好。因為如此一來，我們才能導出「該變數雖然看似相關，但實際包含在模型中之後，分析結果顯示為無關」的結論。

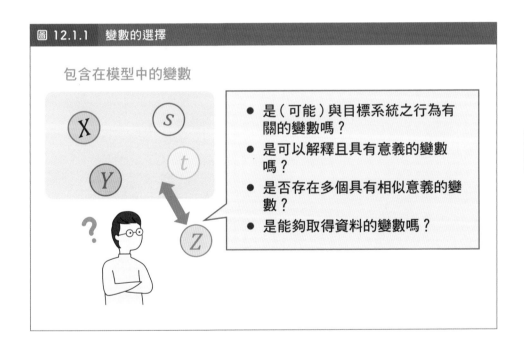

圖 12.1.1　變數的選擇

包含在模型中的變數

- 是（可能）與目標系統之行為有關的變數嗎？
- 是可以解釋且具有意義的變數嗎？
- 是否存在多個具有相似意義的變數？
- 是能夠取得資料的變數嗎？

註3　當然，某些情況中可能是所需時間較重要，那可以只使用時間就好。

特徵工程（Feature Engineering）

不過在進行應用導向建模時，為了盡可能利用到所有資訊，即使變數之間非常相似，最好也全部包含在模型當中。此外，在某些情況下，將既有資料組合成新的變數，也會得到很好的效果。這種利用新增變數來提高模型性能的手法，稱為**特徵工程**（feature engineering），在應用導向建模中是相當重要的做法。但若在理解導向建模時使用這種做法，可能會導致模型的可解釋性降低，或在統計檢定上出現 p 值操縱（p-hacking）[註4]的情形，因此基本上理解導向時不建議這麼做。

離散值變數與連續值變數

變數是離散值還是連續值，也會影響建模。比如說，若要使用變數表現夏季某日的氣溫，則除了以離散變數，如「普通、很熱、非常熱」來表示之外，也可以使用當日最高氣溫等連續變數[註5] 來表示。

使用離散值變數的模型，通常具有以下幾種特徵：

- 由於可能需要將連續變數離散化，因此會有誤差出現

- 由於離散化的變數範圍有限，因此可能較好處理

- 由於無法對變數進行微分或積分，因此可能較難進行理論分析與參數估計

註4　為了使 p 值落在期望範圍之內，而不擇手段修改或增減資料之行為，稱為 p 值操縱。根據以此方式獲得之 p 值進行的推論當然是無效的，並且會導致錯誤的結論。

註5　由於實際測量氣溫時的準確率有限，因此嚴格來說測量結果應為離散值，但還是可以將其視為連續值。

另一方面，使用連續值變數的模型，則具有以下幾種性質：

- 不會有因為離散化而產生的誤差

- 由於數值有無限多種可能，因此可能較難處理

- 由於可對變數進行微分或積分，因此通常較易進行理論分析與參數估計

當然，我們也可以同時使用離散值與連續值變數，但可能會出現上述缺點都有而優點都沒有的情形。

12.2 資料取得與實驗設計

在控制關注變數之影響的同時取得資料

資料的品質也會對數學模型的性能產生很大的影響。尤其當我們希望某個群體符合條件 A，另一個群體符合條件 B ，則分別取得 2 個群體的資料時，能否確實控制變數之間的差異，就顯得相當重要了。

舉例來說，假設現在的問題是要「針對曾經購買自家產品的客戶推出促銷活動 A，並針對新客戶推出促銷活動 B，然後比較 2 種活動的效果」。如果模型含有代表不同促銷活動的變數，而沒有包含代表是否為新客戶的變數，則我們可能沒辦法知道客戶的消費行為到底是因為促銷活動，還是因為新舊客戶。實際上可能還有其他因素[6]，如活動的開始日期與時間等，也都有可能帶來不同的影響。

而像這樣在考量各種因素的情況下，針對目標系統設計如何取得資料的方法論，稱為**實驗設計**（design of experiments）[7]。我們可以先利用實驗設計，決定在所有可能的因素組合之中，要將哪些因素以何種順序、方式執行幾次。再利用**變異數分析**（analysis of variance, ANOVA）的統計方法，來評估每一項因素所帶來的影響。

本節將簡單介紹在此過程當中最基本的概念。這些內容在統計分析以外的數學模型分析上，也同樣有效。

註6　每個因素都稱為一個**因子**（factor）。

註7　若想要找簡單易懂的入門書籍，可以參考大村平的「実験計画と分散分析のはなし—効率よい計画とデータ解析のコツ」（日科技連出版社）。

費雪（Fisher）三原則

費雪三原則是重要的資料蒐集概念（圖 12.2.1）。透過遵循這些原則，便能控制 [註8] 不是我們關注之因素所引起的資料偏差。以下就來看看這 3 項原則吧！

● **重複性**（replication）

這項原則顧名思義，就是在相同的條件之下重複進行多次觀察。這樣一來不但可以獲得更可靠的平均值，也能估算出測量誤差之大小，這些在以統計分析各因素會如何產生影響時，都是相當重要的依據。

● **隨機性**（randomization）

這項原則指的是隨機決定觀察的順序、地點及目標對象的分佈等，如此一來可以減少非必要條件對結果產生之影響。舉例來說，我們要比較今天觀察到的資料與明天觀察到的資料，若量測資料的過程中有一些操作步驟，會因為時間或日期差異，而產生不同的資料，將會降低資料可靠度。因此我們可以將執行測量的條件隨機排序，以消除目標系統之外的影響因子。這種處理稱為隨機性，在實驗設計當中是非常重要的概念。

● **區域可控性**（local control）

雖然最理想的情況，是消除所有跟我們關注的問題無關的因子。但有時即使沒有那麼理想，我們可以嘗試使用「分區」來觀察資料。比如說，假設我們今、明 2 天都需要觀察資料，我們應該以「今天與明天，使用條件 A 與條件 B 的方法所獲得的資料各占一半」來進行量測，而非「今天只使用條件 A，明天只使用條件 B」。因為至少前者才是相同的測量組合在不同的 2 天都有執行，使我們能夠評估「測量日期」這個因素所

[註8] 以技術面來說，隨機性是將系統誤差轉換成隨機誤差，區域可控性是將系統誤差轉換成區間誤差。

帶來的影響（編註：同一天使用條件 A 跟條件 B 所量測到的資料，可能還是無法完全消除所有與問題無關的因子。但至少要確保這些因子所帶來的影響，對兩種條件下取得的資料都相同）。

利用這種方式控制無法忽略之因素所帶來的影響的做法，即為區域可控性[註9]。

圖 12.2.1　費雪三原則

(1) 重複性　　AAA…, BBB…

在相同的條件之下測量數次

(2) 隨機性　　ABABBA…

使用隨機條件以減少系統誤差

一個區域

(3) 區域可控性　$A \times 2, B \times 2$　$A \times 2, B \times 2$　$A \times 2, B \times 2$ …

未受關注之因素在分區內具有相同影響，
受關注之因素在分區內的條件均相同

▌費雪三原則是避免資料偏差的技巧

即使沒有需要進行變異數分析來得知各因子的影響，建議還是要確認取得的資料當中，對結果產生影響之因素是否皆受到控制。若費雪三原則皆能滿足，應該就比較不會有問題，但若有項目未能滿足，則可藉由確認未滿足之原則，可能導致的偏差等，來獲得更準確的分析。

註9　隨機集區設計（randomized block design）為這類實驗設計之標準。若區域中有 2 種因素需控制，則可使用「拉丁方格抽樣（Latin square sampling）」。

12.3 數學結構與參數的選擇

根據目的選擇數學結構

若想利用應用導向建模來進行基本分析，可以使用如圖 11.3.1 的圖表來選擇機器學習的模型（若須使用深度學習，則另當別論）。但若是要進行理解導向建模，則必須根據問題來選擇應該使用的模型類型。

本節將說明如何根據各種情況選擇適合的數學結構（圖 12.3.1）。

當目標變數之差異不可忽略時

首先要看的是，目標變數之行為在機率上的差異是否可忽略。**若該差異不能忽略，則數學模型就是要重現出目標變數的機率行為**。

在不能忽略機率行為的情況下，若機率影響的程度與其他變數的影響相比不會太大，則可以考慮直接預測目標變數的變數值，並分析預測準確度。比如使用時間序列模型。但是，若機率影響的程度很大，則建議先推測目標變數的機率分佈，再從機率分佈了解目標系統的運作機制。因為在這種情況下，只預測單一數值，會因為準確度太低而無法提供太多資訊。

建模的時候通常會用已知的解釋變數機率分佈，若沒有必要詳細知道解釋變數貢獻目標變數的方式及機制，可以直接對目標變數估測一個結論，比如使用本書介紹的統計量。而若要描述並說明目標變數具有該分佈之機制，則可使用機率模型（或是將其包含在內的強化式學習模型）。

當差異不需列入考慮時

若差異可以忽略不計，則模型的目標就是找到可使用解釋變數來表現目標變數的函數。跟剛才的情況一樣，若想要了解該函數的生成機制，可以使用確定性數學結構來描述變數的行為，如常微分方程式或細胞自動機。若已知資料可使用何種形式的方程式表示，則可執行曲線擬合。

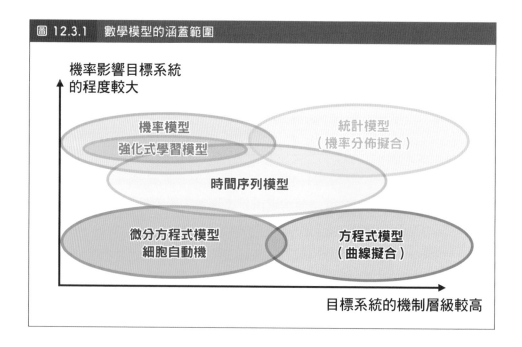

圖 12.3.1　數學模型的涵蓋範圍

參數值的範圍

決定好變數及數學結構之後，須使用的參數自然就會跟著確定了。參數通常都會設定成連續值，但若該值有意義，則須注意其範圍。否則像模型的參數推估結果，就常出現實際上應為正值的參數變成了負值的情形。這種問題通常是因模型與資料的貼合度不足（或模型的定義原本就有問題）所引起。因此為了確認推估出的參數值是否合理，以及資料與模型是否擬合，應事先檢查參數值的範圍。

12.4　避免建模錯誤

▌與既有模型間的一致性與比較

決定好要使用的模型種類後，接下來就要具體地描述建模了。

在建立新模型或擴展既有模型時，都應依照問題的定義，確保模型能符合已知的規則或定律。若模型出現偏離現實的行為，如該守恆[註10] 之量未守恆，或含有實際上不可能出現的交互作用，則用來解釋現象的邏輯就會出現破綻。

若是要對已知的規則或定律無法解釋之內容建模，則須明確指出新模型是與已知的何種規則產生衝突。舉例來說，之前介紹多體系統模型（10.2節）時曾提到的維澤克模型，在重現動物群體時就明顯違反了牛頓運動定律，但也因此發掘了新的物理現象。

一般來說，對於已存在的類似模型，要完全從零開始建立的原創模型，將很難與既有模型進行比較。但若新模型能擁有更好的性能，或可確實建立出一套必須模型化的合理邏輯，則只要充分說明就沒有問題了。

▌如果你只有一把鐵鎚，那一切看起來都會像是釘子

英文中有一句諺語是這麼說的：「If all you have is a hammer, everything looks like a nail.」它所表達的是一種偏見：**對那些只會用鐵鎚解決問題的人來說，每個問題看起來都會像要敲釘子。**

註10　不會隨時間變化即稱為「守恆」。

這在利用數學模型分析時，也是極為常見的情形。因為我們在遇到問題時，常常會只使用「某一個模型」或「從少數幾個模型中選一個」來解決問題。但正確的做法應該是根據問題，從許多可能的建模方法當中選擇（理想中）性能最好的來使用。

筆者編寫本書的目的之一，也是希望能盡量避免這種情形的發生，因此才會概略介紹各領域中存在的各種建模方式，好讓讀者能在需要時，將適當的模型列入考慮[11]。

█ 資料需經過適當的預處理

若取得資料之後，便能直接運用在數學模型上，當然是最好不過。但大部分的情況下，資料在使用前，都必須先經過適當的預處理。比如說，變數值在數學模型中必須以數值表示，因此類別變數必須要先轉換成數值。此外，自然語言處理也需先進行一些（相當困難的）處理，才能取得「乾淨的資料」，例如提取單字、句結構、及整併（正規化）多個單字（編註：比如把過去式動詞全部換成現在式）等。即使是能直接從分析對象中取得數值資料的問題，若無法正確消除雜訊，也常會發生無法使用的情形（例：腦波資料）。而進行資料預處理的方式，也會對結論及模型性能產生相當大的影響。

以下要介紹的是離群值與缺失值的處理，兩者皆屬於一般性的預處理。

● **離群值的處理**

離群值（outlier）是指資料中與其他觀察值相距甚遠之值[12]。如果因為資料測量過程當中發生錯誤，而取得了不可靠的值，則在分析之前應該

註11　我們無法研究完全一無所知的東西，但只要能夠知道一部分，就能自己著手研究，或是請教他人。

註12　如果只需關注 1 個變數，或許還能發現離群值，但若離群值存在於多維空間當中，那要找到就真的非常困難了。

先對其進行適當的處理。不過依邏輯來說，其實光憑值的距離較遠，並無法判斷該資料是否真的不具意義，因此這個問題沒有適用所有情況的解決辦法。但我們還是能夠針對各種情況，採取相對應的處理方式：

- 若可將超過某距離之值視為離群值，便以此為判斷基準，刪除超過基準之值

- 利用統計檢定辨識出離群值，並將其刪除

- 利用即使有離群值存在，也不會受到太大影響的分析法（編註：比如使用決策樹）

- 同時提交含有離群值與刪除離群值的分析結果

不過最該注意的，是不要被離群值影響而導出錯誤的結論。比如說，利用統計檢定分析 2 個變數之間是否存在相關性時，離群值的存在與否就會對結果產生很大的影響。

此外，進行應用導向建模時，應嘗試各種離群值刪除法，以提升模型性能。

- **缺失值的處理**

資料中原本就缺少的值，則稱為**缺失值**（missing value）。當有缺失值時，可行的做法包括（若可能的話）直接進行分析、將該點自資料中刪除，以及利用適當之值填補等。雖然有些情況即使有缺失值也能進行分析，但一般來說還是必須將其刪除或以其他值來填補。

但在進行上述處理時，缺失值是完全隨機發生，還是其發生具有意義，是非常重要的關鍵。若該變數值與缺失位置之間具有關連性，即表示資

料有偏差 [註13]。若缺失值的發生可視為完全隨機，則將該資料點刪除即可（但缺點是資料會減少）。基本上，當缺失位置與缺失值之間有強烈關連性時，模型的推測就會產生偏差 [註14]。

因此碰到這種情況時，必須檢查導出的結論是否有受到該偏差的影響。

如果要以具有代表性之值來填補缺失值，一般都會使用平均值或中位數，但這種做法會扭曲資料的分佈與推測的準確性，因此並不建議使用。但在進行應用導向建模時，這種做法或許可以提升模型的性能。

第 12 章小結

- 進行理解導向建模時，應該只使用必要的變數，且使用之前必須經過充分的審視。

- 進行應用導向建模時，只要是可以派上用場的資訊，即使為數不多也應該使用。

- 進行理解導向建模時，應根據欲說明之資料的差異為其本質或可以忽略，及欲解釋之機制層級來選擇數學結構。

- 建模時，應在確保模型符合現實世界與已知的基礎上，選擇最適合的做法。

- 數學建模的品質取決於離群值、缺失值以及其他資料的品質。

註13　這種資料在取得時就已經有偏差的情形，稱為**具有抽樣偏差**（sampling bias）。我們在處理現實世界中的問題時，即使可取得的資料已有種種限制，有時還是會被要求盡量導出正確的結論（比如說，雖然可取得自家客戶的資料，但沒有管道取得未購入自家產品的個人資料）。但一般來說這種問題非常難解決，因為原則上我們無法對不可得的資料進行任何分析。

註14　進行統計建模時，有些情況可以使用完全資訊最大概似法（Full Information Maximum Likelihood, FIML）或多重插補法等高級的缺失值處理法。

第13章

參數估計

完成數學模型之後,接下來就要調整參數值讓模
型擬合資料。參數的決定方式有很多種,取決於
使用的模型以及問題類型。本章將針對各種做法
介紹其概念與計算方式之性質。

13.1 根據目的進行參數估計

▎可以更動的參數與不能更動的參數

假設我們現在需要「由下而上」地建立數學模型，以定性方式重現目標系統行為。在這種情況下，若參數具有實際的意義，而且可在現實中測量得到，則該參數就有可能是無法更動的常數。比如說 2.4 節提到的酵素模型就是以各酵素分子的移動速度為參數，其值在實驗中都能測量出來，因此若取不同值，便會使模型偏離現實 註1。

因此在這類模型中，最先需要固定下來的就是這種可以透過實驗結果來決定的參數值。在（由下而上）進行理解導向建模 註2 時，最理想的狀態就是所有參數值都能透過實驗決定。因為參數能調整的空間越多，模型的行為就會越多樣，我們就越難分辨模型是否真正掌握到目標系統，還是模型只是湊巧與手上的資料相似。如果我們要定性地重現問題，那麼模型的參數大致上可以解釋目標系統即可，不需要特別作微調。

▎參數的點估計（Point Estimation）

本書到目前為止的講解中，其實都隱含著一個前提：只要給定模型與資料，就會有 1 組能夠將目標系統表現得最好的真實參數值存在。這種將參數值定為 1 組的方式，稱為**點估計**（point estimation）。

以下我們除了會解說如何進行點估計，也會在 13.3 節解說另一種方式：**貝氏推論**（Bayesian inference）。

註1　不過正如之前提過的，有時故意取不同值，反而能夠看到本質。

註2　對應到 2.4 節分類中的 (1) 利用數學結構來理解目標系統與 (2) 利用修改參數後數學模型的變化，來模擬目標系統的行為。

欲將變數行為以定量方式與資料擬合時

為了讓模型可以精準描述目標系統，我們可以將模型的輸出與實際資料之間的差異最小化。而用來計算此差異之指標，稱為**目標函數**（objective function）註3。最小化目標函數，即可推測出參數值（圖 13.1.1）。之前介紹過的均方誤差（3.1 節）便是目標函數的一種。雖然根據模型與問題的不同，有許多目標函數可以使用，但其中較具代表性者為**均方誤差**（mean squared error, MSE）與**對數概似**（log likelihood）註4。

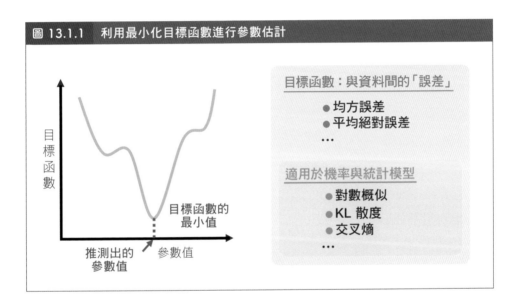

圖 13.1.1　利用最小化目標函數進行參數估計

目標函數：與資料間的「誤差」
- 均方誤差
- 平均絕對誤差
…

適用於機率與統計模型
- 對數概似
- KL 散度
- 交叉熵
…

（圖中）目標函數｜目標函數的最小值｜推測出的參數值｜參數值

註3　也可以稱為**成本函數**（cost function）、**誤差函數**（error function）或是**損失函數**（loss function）。這些函數雖然使用的領域不同，彼此間也有細微的差異，但目前對於它們之間的區別似乎還沒有一個統一的看法。目標函數是將它們全部包含在內的一個較廣義的概念。我們在 3.3 節也曾經說明過，參數估計其實是一種最佳化問題。

註4　雖然無法於此處詳述，但還有一種稱為動差估計的做法，是利用機率分佈的平均值與變異數等**動差**（moment）來使模型與資料擬合，以進行參數估計。

直接取誤差大小之平均

若令解釋變數的集合為 x，目標變數為 y，則當給定 x 時，該如何正確地預測出 y 呢？首先假設給定的資料為 n 個值的集合 $(x_1, y_1), ..., (x_n, y_n)$。在數學模型中，解釋變數與目標變數的關係可以用函數 f 來表示，並寫為 $y_{預測} = f(x)$ [註5]。

因此，各資料點的預測誤差如下：

$$\varepsilon_i = y_i - y_{預測} = y_i - f(x_i) \tag{13.1.1}$$

以此誤差之平方的平均值（= 均方誤差）為目標函數 L，並使其最小化的方法，稱為最小平方法（3.1 節）：

$$L = \frac{1}{n}\sum_{i=1}^{n}\varepsilon_i^2 = \frac{1}{n}\sum_{i=1}^{n}(y_i - f(x_i))^2 \tag{13.1.2}$$

此方法不僅通用性高，性能也很好，因此被視為最標準的方法，並受到廣泛的運用。

但取誤差平方的缺點是若資料中有離群值，模型的擬合程度就會受到很大的影響。為了降低這種影響，我們也常使用改取絕對值而非平方的目標函數：

$$L = \frac{1}{n}\sum_{i=1}^{n}|\varepsilon| = \frac{1}{n}\sum_{i=1}^{n}|y_i - f(x_i)| \tag{13.1.3}$$

註5　其實 f 也是參數（統稱為 θ）的函數，因此嚴格來說應該寫成 $f(x\,|\,\theta)$。但本書為使初學者也能輕易上手而著重易讀性，因此採用此表示法。目標函數 $L(\theta)$ 也是同樣的道理。

此函數稱為**平均絕對誤差**（Mean Absolute Error, MAE）。由於取的是誤差的絕對值，而非純粹計算總和，因此可避免正、負誤差的相互抵消。

此外，其他函數還包括先對誤差較小之資料取誤差的平方、對誤差較大之資料取誤差的絕對值，再計算其總和的 **Huber 損失函數**（Huber loss function），以及當值在一定範圍之內，便將誤差皆視為 0，以防止過度配適的 **ε - 不敏感損失函數**（ε-insensitive loss function）等。

對數概似（Log Likelihood）

當模型中含有機率性元素，並會直接描述某資料值的出現機率時，即可利用對數概似來評估模型的擬合程度。若我們將每一筆資料的解釋變數及目標變數，稱為一個觀測值 x，則在模型中，當參數值固定為 θ 時，出現某觀測值 x 的機率可以寫為 $p(x\,|\,\theta)$。這個意思是「在已知參數值 θ 的條件之下，產生觀測值 x 的機率是多少」。

「若手上的資料有部分觀測值數量比較多，則對於一個重現目標系統的模型來說，應該要給這些觀測值較高的機率」。反過來說，若模型對某個觀測值給很低的出現機率，卻在觀察資料中大量出現，則表示該模型無法適當地表現資料。

若要測量此程度，可以在取得模型時，計算資料中所有觀察值 $X = \{x_1, x_2, ..., x_n\}$ 從模型中出現的機率。這個量稱為概似度（likelihood）註6，可以方程式表示如下：

$$\ell = p(X\,|\,\theta) \tag{13.1.4}$$

註6　由於是用來表示模型在與資料對照之下有多**相似**的量（之一），因此稱為概似度。若模型假設非常不合理，則從模型中剛好出現手邊資料的可能性應該非常低，這時概似度也會很小。此外，若遇到連續型隨機變數，則將「機率」直接改為「機率密度」即可。

假設各觀測值（以第 i 個觀測值為例）x_i 產生的機率 $p(x_i|\theta)$ 都是獨立事件[註7]，則所有觀測值的概似度可以全部乘起來：

$$\ell = \prod_{i=1}^{n} p(x_i|\theta)$$

（13.1.5）

將此概似度最大化所得到的參數，即可獲得最佳模型。這種以概似度為目標函數，進行參數估計的方法，稱為**最大概似法**（method of maximum likelihood）或**最大概似估計**（maximum likelihood estimation, MLE）。

由於我們希望在以概似度為目標函數時，概似度的最大化能夠對應到目標函數的最小化，因此會將整體加上負號。此外，由於概似度通常會如（13.1.5）所示，需要大量的乘積計算，因此為了易於處理，使用時還會再取其對數：

$$L = -\log \ell$$

（13.1.6）

這個（負的）對數概似，是機率與統計模型推測的基礎[註8]。舉例來說，由於利用最小平方法進行推測的線性迴歸問題（3.1 節），可使用在線性關係上加上常態分佈之誤差的機率模型來解釋，因此也可以使用最大概似法來進行參數估計。而且有趣的是，在這種情況下，2 種參數估計法所得到的值將會一致。

註7　若觀測值在預定使用的模型中並不獨立，則無法以此方式表現。

註8　雖然尋找可使「概似度」最大化之參數的策略，聽起來是利用了「近似」的概念，但不代表模型參數進似真實值。事實上，若模型無法確保**漸近常態性**（如混合模型、隱藏式馬可夫模型、及神經網路等），便無法確保理論的可行性。

將機率分佈間之「差距」最小化的指標

模型的參數估計，是使模型的機率分佈盡可能接近從資料中獲得之經驗機率分佈。因此也有一種策略是直接最小化 2 種機率分佈之間的「差距」。**KL 散度**（Kullback-Leibler divergence）便是將分佈間差距定量化的指標之一註9。而將此差距最小化的處理，與上述的最大概似估計等效。

交叉熵（Cross Entropy）

交叉熵（cross entropy）是從資訊量的角度，將 2 種分佈之距離定量化的指標註10。同時也是分類問題中經常使用的目標函數。

註9　具體運算式為 $D_K(p_{emp} | p_{model}) = \sum p_{emp} \log \dfrac{p_{emp}}{p_{model}}$。其中下標的 emp 與 model 分別表示經驗分佈與模型分佈，其總和是針對隨機變數所有的可能值計算。若隨機變數為連續變數，則將總和替換成積分即可。雖然這個指標是用來表示 2 個分佈的差距，但若將比較中的 2 個分佈調換順序，則其值通常會改變，這點還請注意。

註10　具體運算式為 $H(p_{emp}, p_{model}) = -\sum p_{emp} \log p_{model}$。如上一個註解，其總和是針對所有可能值計算，若隨機變數為連續變數，則將總和替換成積分即可。由運算式的形式可看出，參數估計時，KL 散度的最小化會與交叉熵的最小化一致（編註：我們可以將KL散度的公式改寫成 $D_K(p_{emp} | p_{model}) = \sum p_{emp} \log p_{emp} - \sum p_{emp} \log p_{model}$，如果 p_{model} 是一個無法改變的定值，則最小化KL散度等於最小化 $-\sum p_{emp} \log p_{model}$，剛好跟 $H(p_{emp}, p_{model})$ 一致）。

13.2　參數估計中目標函數的最小化

最小化目標函數

我們現在已經知道參數估計就是設定適當的目標函數，並將其最小化的問題了。但具體來說，該如何求出參數呢？

其實這個做法有許多種，但根據模型複雜程度的不同，可使用的方法也不同。本節將依序進行說明。

以分析方式求解

若目標函數可使用簡單的運算式表現出參數，則直接對該式計算即可求得參數。若將模型中包含的參數統稱為 θ，則給定資料與模型時，目標函數可寫成只與 θ 有關的函數 $L(\theta)$。由於將此函數最小化的（必要）條件，是對參數微分後，令其結果為 0（若有多個參數，則分別對其微分，並將結果皆設為 0）(3.3 節)，因此實際計算下式即可：

$$\frac{\partial L}{\partial \theta} = 0 \qquad\qquad (13.2.1)$$

若計算結果只會出現 1 組參數值，則採用該結果[註11]。若結果為多組參數值，則從中選擇可以使目標函數最小的那 1 組（未選中的即為局部最佳解）。

註11　只要使用正常的目標函數，單一停留點就不可能是最大值或鞍點。

參數掃描

接下來，我們來看看無法以分析方式最小化目標函數時的情形吧！當參數數量不多，且需確認的範圍也不大時，其實直接針對所有可能情況計算目標函數之值，也是一種方法。但若參數值的可能值有無限多種（比如參數為連續值），則計算完所有情況當然就是不可能的事情。不過只要適當利用網格進行篩選，還是可以推測出哪一區會有最佳值（圖 13.2.1）。而機器學習模型也會用此方式調整超參數，並稱為**網格搜尋**（grid search）。

推測出最佳解的範圍後，我們可以將其周圍以網格細分並再次計算，也可以利用其他方式，如**二分法**（bisection method）及接下來要介紹的**梯度下降法**（gradient-descent method），來求出最佳值。不過在使用這種做法時，一旦需調整的參數數量增加，必須確認的參數值組合也會跟著增加，因此缺點是適用情況較為有限。但優點是只要設定好適當的網格寬度，即使存在多個局部最佳解，也可以正確地找出全域最佳解。這種嘗試所有參數值的方法，稱為**參數掃描**（parameter sweep）。

梯度下降法（Gradient Descent）

若目標函數可以使用數學運算，也可以對參數微分，但無法適用目前為止介紹的方法時，則可使用梯度下降法。這種方法是使參數值逐漸往目標函數減小的方向移動（圖 13.2.1）。

具體來說，它的做法是根據以下運算式來更新參數值：

$$\theta \leftarrow \theta - \alpha \frac{\partial L}{\partial \theta} \qquad (13.2.2)$$

其中 α 稱為學習率，是決定更新的幅度，需根據問題進行適當設定。當有多個參數時，需同時對各參數進行上述更新。

舉例來說，如果目標函數會在 θ 逐漸增大時減小，則表示將 θ 的值增大會比較好，此時運算式中的 $-\alpha \dfrac{\partial L}{\partial \theta}$ 項將會是正值，因此 θ 的值也會往增大的方向更新。只要重複執行這個過程，直到參數不會變化為止，所得的值即為估計值。梯度下降法在許多問題上都有容易實作且性能良好的優點，因此被視為標準做法且廣泛的運用。

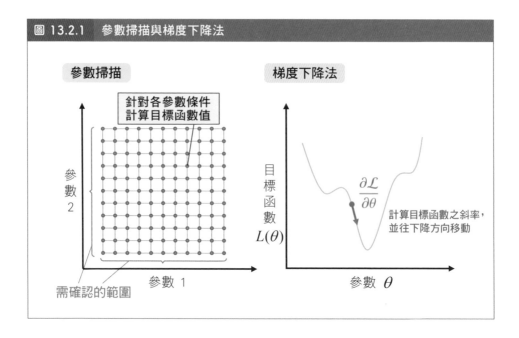

圖 13.2.1　參數掃描與梯度下降法

避免陷入局部解

由於梯度下降法是將參數值一點一點逐步更新，因此只要陷入局部最佳解，就會無法從該處抽身。實際執行時，常見的做法是利用幾個隨機的初始值開始搜尋參數，並從中選擇最好的結果[註12]。此外，若已知模型只有 1 個局部最佳解（像是最小平方法迴歸模型），則進行 1 次參數估計即可。

註12　雖然進行深度學習時，大多數的情況都無法獲得全域最佳解，但就實用上來說，通常只要找到性能良好的局部解就沒有問題了。

　　隨機梯度下降法（stochastic gradient descent）是避免陷入局部最佳解的方法之一。其策略是在利用梯度下降法更新參數時，每次只隨機使用一部分的資料，而非所有資料。這種處理方式會使目標函數逐次逐步地改變，因此除了較易脫離局部最佳解外，對某些問題來說，每次只用部分資料在計算上也會帶來好處。

　　尤其是在深度學習的領域，目前已發展出許多利用隨機梯度下降法來動態改變學習率，以提升求解速度的做法了。

防止過度配適

　　過度配適指的是因模型過度貼合資料，而使得推測出來的模型偏離了資料生成規則的本質。為了避免這種情況的發生，我們必須在適度信任資料的同時，注意不要太過於貼合資料。

　　接下來要介紹的**常規化**（regularization），便是代表性的做法之一。它會先將目標函數加上代表參數「值的大小」的 $\|\theta\|$ 註13，再使整體最小化（λ 為超參數）：

$$L(\theta) + \lambda \|\theta\| \qquad (13.2.3)$$

這種做法可以讓我們更容易地選擇參數值較小的模型。

　　但是這個參數「值的大小」，也有幾種不同的定義法。標準的 **L2 常規化**（L2 regularization）是對模型中所有參數值取平方之後再相加：

$$\|\theta\| = \sum_i \theta_i^2 \qquad (13.2.4)$$

註13　向量的「大小」稱為**範數**，表示法是像這樣以兩條直線將其包圍。此處假設參數為多個值之集合。

而經常被使用的 **L1 常規化**（L1 regularization），則是將參數值取絕對值之後再相加：

$$\left\|\theta\right\| = \sum_i \left|\theta_i\right|$$

（13.2.5）

使用 L1 常規化時，值較小的參數受到的懲罰會比 L2 常規化要來得強，因此會出現較多參數為 0 的結果（L2 常規化中的較小值在取平方後，貢獻相對較小）。也就是說，推測模型時需使用的參數數量較少。因此以此方式建立出來的模型，稱為**稀疏模型**（sparse model）。

常規化的概念是減少參數的值與數量，使我們更容易選擇到複雜度較低的模型。不過實際上能否順利達到效果，還是取決於模型的種類[註14]以及資料的性質，因此可以多嘗試不同的常規化方法。

▊ 目標函數最小化的實作

本書介紹到的方程式模型、統計模型、時間序列模型、強化式學習模型與機器學習模型，大部分都有相對應的函式庫可以使用，因此我們可以使用目標函數的最佳化來進行參數估計（若為較複雜的模型，則須使用之後會介紹到的馬可夫鏈蒙地卡羅法（13.3 節）等做法）。

但像是微分方程式模型、（複雜的）機率模型、和多體系統模型，則通常都沒有既有的函式庫。不過這些模型原本就較常用於說明定性現象的理解導向建模上，因此幾乎沒有透過最小化目標函數來進行參數估計的需求[註15]。

註14　像「參數值越小，模型就越簡單」的概念，也不一定都會成立。

註15　**在定量預測能力不足的模型中精確設定參數值是沒有意義的事情。**

13.3 貝氏推論（Bayesian Inference）與貝氏建模（Bayesian Modeling）

▌貝氏推論關注的是參數的分佈

如果我們需要從同一個目標系統中取得資料後進行參數估計，並且重複數次，則每次推測出來的值應該會有所差異。其實基本上，本書到目前為止採取的策略，都是假設數學模型會有 1 組真實的參數值，並找到該組參數。但也可以假設模型與模型之間存有差異（即模型的參數來自於機率分佈），並進行參數估計。這種建模與參數估計的方式，稱為**貝氏建模**（Bayesian modeling）與**貝氏推論**（Bayesian inference）（圖 13.3.1）[註 16]。貝氏推論的目標是從資料當中找出參數的機率分佈。

在貝氏建模中，決定 1 個參數值，便會得到使用該參數值之模型的出現機率。接著，我們可以計算不同參數值產生模型的機率，並計算出期望的模型。此外，之後也會談到，除了取期望值外，我們也可以使用推測出來的參數分布做後續的分析。

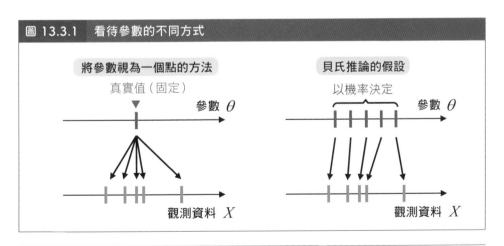

圖 13.3.1　看待參數的不同方式

將參數視為一個點的方法　　　　貝氏推論的假設

真實值（固定）　　　　　　　　以機率決定

參數 θ　　　　　　　　　　參數 θ

觀測資料 X　　　　　　　　觀測資料 X

註16　若想要找針對理論深入探討的書籍，可以參考渡澄夫的「ベイズ統計の理論と方法」（ロナ社）

參數的機率分佈？

所以現在又增加了一個需考慮的元素：「參數的機率分佈」。我們可以先將這個機率分佈寫成 $p(\theta)$。由於目前手邊沒有任何與此分佈形狀相關的資訊，因此還無法確定具體上會是何種分佈。

這邊先解釋一下在貝氏推論的框架底下取得資料的過程：

- 產生某個參數值 θ 的機率由 $p(\theta)$ 決定

- 使用某個參數值 θ 建立模型後，以此模型產生觀測值 X 的機率是由 $p(X|\theta)$ 決定[註17]

若上述兩個事件同時發生，則產生觀測值 X 的機率[註18] 可寫成：

$$p(X|\theta)p(\theta) \tag{13.3.1}$$

若是要求得參數的機率分佈，則在已取得觀測值的狀態之下，可由下式求解 θ 的出現機率：

$$\frac{p(X|\theta)p(\theta)}{\int p(X|\theta)p(\theta)d\theta} \tag{13.3.2}$$

註17　以運算式來看，與概似度是相同的。

註18　正確來說，應為機率密度。下一個運算式（13.3.2）也是。

此式中的分子與（13.3.1）完全相同，分母則加入了可將所有 θ 的機率總和調整為 1 的項 註 19。此式的計算結果稱為參數 θ 的後驗分佈（posterior distribution），可寫為 $p(\theta \mid X)$。此量為參數 θ 在已取得觀測值 X 的前提下的機率分佈。後驗分佈與「產生某個觀測值 X 以及某個參數 θ 的機率 $p(X, \theta) = p(X \mid \theta) p(\theta)$」之間的差異在於：後驗機率的觀測值 X 是固定的已知值（**貝氏定理**，Bayes' theorem）。

此外，一開始的 $p(\theta)$ 也有一個相對應的名稱，叫做**先驗分佈**（prior distribution）。先驗分佈是取得資料前所假設的分佈，後驗分佈則是取得資料並更新資訊後的分佈。貝氏建模推測參數分佈的方式，便是推測此後驗分佈（圖 13.3.2）。

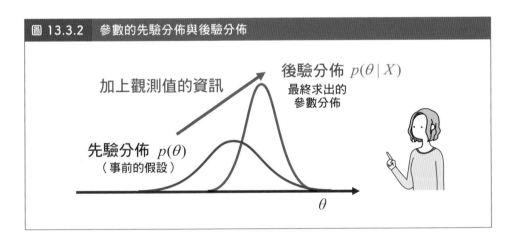

圖 13.3.2　參數的先驗分佈與後驗分佈

如果我們完全沒有任何關於 $p(\theta)$ 的資訊，則實作上會使用的一種方法是先假設 $p(\theta)$ 為均勻分佈（所有 θ 的出現機率相同）。由（13.3.2）可知，此時後驗分布 $p(\theta \mid X)$ 等於模型的概似度 $p(\theta \mid X)$。也就是說，可以使用貝氏推論估算參數分佈，來理解透過概似度推測參數值的概念。

註19　為什麼會需要進行這樣的修正呢？因為我們需要固定 X，而不需要考慮 X 為其他值的情形。但原本的運算式（13.3.1）中也包含了 X 為其他值的情形，若在這種情況下直接對所有 θ 進行計算，其機率總和也不會為 1（編註：$\int p(X \mid \theta) p(\theta) d\theta$ 可以想成窮舉各種不同 θ 產生手上資料 X 的機率）。

但如果我們對於參數值已經有了「從既有研究可得知，大概會是某個值」的認知，則也可以將該資訊包含在先驗分佈當中（比如說，使用常態分佈作為先驗分佈，並設定此常態分佈的平均值為猜測的數值）。將事前得知的資訊放入先驗分佈的優點是即使資料不足，也能做出相對穩定的推測。

▎描述推測出來的分佈之特徵

當我們已取得參數的分佈，並想要決定出 1 個參數值時，可以計算一些能夠代表該分佈之值，並以該值為點估計值。比如說後驗分佈中的最大值（**最大後驗估計值**，MAP estimator），以及藉由後驗分佈得出的期望值（**期望後驗估計值**，EAP estimator）與中位數（**後驗中位數估計值**，MED estimator）。此外，分佈的標準差（**後驗標準差**，posterior standard deviation）也可以用來描述參數的差異程度。還有一個也經常用到的是 **95% 可靠區間**（95% credible interval）[註 20]，指的是以 95% 的機率包含參數值之範圍。

▎馬可夫鏈蒙地卡羅法（Markov Chain Monte Carlo）

雖然前面才說過我們可以從後驗分佈計算出各種量來描述參數，但實際上在大多數的情況下，要直接計算出後驗機率是滿困難[註 21]。不過我們可以換個方式，改由數值方式來求出此分佈。本節要介紹是最標準的做法：**馬可夫鏈蒙地卡羅法**（Markov chain Monte Carlo, MCMC）。

註20　雖然與 **95% 信賴區間**（confidence interval）相似，但兩者概念不同。95% 信賴區間指的是在對資料取樣本時，我們所關注的真實值會有 95% 的機率落在該範圍內。此時，區間會隨著機率變化，真實值則是固定的。

註21　請注意，這和單純的參數點估計不同，具體來説它是利用參數的機率分佈來進行各種計算。此外，為了能夠進行這些計算，通常都會根據模型的函數型態選定一個方便計算的分佈（**共軛先驗分佈**）做為先驗分佈 $p(\theta)$。使用共軛先驗分佈的優點是先驗分佈與後驗分佈的函數型態會相同。

首先，「蒙地卡羅法」是利用電腦生成亂數來進行模擬的統稱（5.2節）。而「馬可夫鏈」則已在 5.2 節中介紹過了，意思是只使用當前狀態的資訊，來決定下一個狀態的機率。因此具體來說，馬可夫鏈蒙地卡羅法就是利用電腦模擬下述馬可夫鏈的做法。

首先令 $q(\theta)$ 為想要求得的機率分佈（編註：此處為後驗分佈）。馬可夫鏈蒙地卡羅法會利用模擬產生隨機過程，讓馬可夫鏈動起來，以取得一系列數值。只要隨機過程有設定好，以此方式獲得一系列數值所組成的機率分佈，就會與所求的機率分佈 $q(\theta)$ 一致。

簡單來說，馬可夫鏈蒙地卡羅法就是建立出一個能夠生成我們要求的機率分佈的機率模型（圖 13.3.3）。

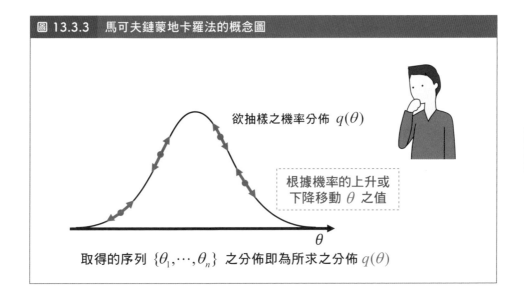

圖 13.3.3　馬可夫鏈蒙地卡羅法的概念圖

欲抽樣之機率分佈 $q(\theta)$

根據機率的上升或下降移動 θ 之值

取得的序列 $\{\theta_1, \cdots, \theta_n\}$ 之分佈即為所求之分佈 $q(\theta)$

Metropolis 演算法

但具體來說，該如何建立隨機過程呢？

目前其實已經有許多做法可以使用，但以下要介紹的是當中較基本的 Metropolis 演算法。此方法會透過以下步驟來更新隨機變數 θ 之值。

(1) 隨機決定 θ 之初始值 θ_0。

(2) 根據當前時間點之值 θ_t，隨機[註22] 產生另一個值 θ_t'。

(3) 計算 $\dfrac{q(\theta_t')}{q(\theta_t)}$。

(4) 若計算結果大於 1，則設定 $\theta_{t+1} = \theta_t'$。若小於 1，則有 $\dfrac{q(\theta_t')}{q(\theta_t)}$ 的機率設定 $\theta_{t+1} = \theta_t'$，另有 $1 - \dfrac{q(\theta_t')}{q(\theta_t)}$ 的機率設定 $\theta_{t+1} = \theta_t$。

(5) 重複步驟 (2) ～ (4)。

利用以此方式得到的一系列數值，即可求得我們想要的分佈[註23]。而且只要模擬的時間夠長，則不管初始條件為何，都可以得到我們要的分佈。但若模擬產生的數值不夠多或模擬過程存在某些問題，則抽樣結果就會受到初始值的影響，有可能無法獲得正確的結果。

註22 此值的決定方式是採用「在當前值為 θ_t 時選擇 θ_t' 之機率」與「在當前值為 θ_t' 時選擇 θ_t 之機率」會相同的規則。

註23 若 θ 的產生方式不太合理，則得到的分佈將與 $q(\theta)$ 完全無關。正確抽樣 $q(\theta)$ 的關鍵，就是以此處說明的方式決定產生 θ 的機率。此外，各位有發現這個處理過程跟原本的問題相比，簡化了什麼計算嗎？關鍵在於步驟 (3) 中取了函數的比，這樣可以抵消掉（13.3.2）分母中的積分，省去這段計算。

　　此外，最大概似估計中的最大概似估計值，也可透過馬可夫鏈蒙地卡羅法求得。當問題很複雜時，很多分析方式的參數估計法幾乎都無法使用，但馬可夫鏈蒙地卡羅法在這種情況下，通常還能使用。

　　除了此處介紹的 Metropolis 演算法之外，還有幾款抽樣演算法也相當有效（編註：像是 Gibbs Sampler）。而且若要利用這些演算法，可以使用 Stan 或 WinBUGS 等軟體，不一定需要自行實作。

第 13 章小結

- 若欲使模型與資料在定量上精確吻合，可使用均方誤差或對數概似為目標函數，並求出將其最小化的參數值。

- 適用於多種問題的梯度下降法，為最小化目標函數的做法之一。

- 將參數視為分佈而非單 1 個值的貝氏推論也非常有效，且推測出來的參數分佈也有各種資訊可以加以運用。

MEMO

第14章

評估模型

正如之前提到的，數學模型並不是「一旦建立好就完成了」，而是必須經過各種嘗試、調整，才能建立出可以使用的模型。因此可以幫你選擇「良好」模型的指標，就成為了必備的工具。本章將說明如何衡量模型的「優劣」，以及具體的指標計算方式。

14.1　什麼是「好的模型」？

▌根據目的評估模型

當手中有不只一個候選模型時，我們就必須從中選擇出最佳模型。而選擇模型的方法有很多種，單純看模型中的變數是不是你要的，也是評估模型的方法之一。

在上一章中，我們是以提高模型與資料擬合程度的方式來推測參數值的，因此通常是以「擬合程度」做為評估數學模型優劣的指標之一。畢竟完全無法與資料擬合的模型，應該與目標系統的資料生成機制也毫無關係了。

但模型與資料的擬合程度並不是唯一的考量。我們之前也重複提過幾次，數學建模必須根據目的選擇使用不同的做法，同樣地，**評估模型「優劣」的概念與指標，也會因為不同目的而有所差異。**

不過最基本的，「好的模型」指的是能夠順利達成目標的模型。以下就一起依序來看看吧！

▌評估以理解機制為目的之模型

當以理解機制為目的進行數學建模時，最重要的就是能夠「理解」目標系統的資料生成機制。換句話說，即使與資料的擬合程度再高，若還是無法理解目標系統，那建模也是失敗。因此這類模型可以透過以下的觀點來進行評估。

(1)　模型的可解釋性

是否能解釋模型中的各元素（變數、數學結構、參數）？與既有體系、定律或經驗事實之間是否存在矛盾？此外，於可重現目標系統資料生成規則的前提之下，是否為最簡單結構？

(2)　擬合程度

模型與資料（在可接受的範圍內）是否順利擬合？

雖然 (1) 無法量化評估，但 (2) 的評估就有多種指標可以使用，我們將在下一節中進行介紹。這 2 種觀點之間通常存在權衡關係。也就是說，模型越複雜，與資料的擬合程度就會越好，但可解釋性就會越差（圖14.1.1）。

我們通常可以將目標系統視為主要機制外加部分微小影響因子。因此在考慮模型中應該包含到哪一個元素時，必須要與資料的擬合程度之間取得平衡。若兩者不是這樣的權衡關係（比如說，在簡化模型以提高可解釋性的同時，與資料的擬合程度竟然也提升了），則表示一開始建立出來的模型就有問題了。

一般來說，只要經過這樣的檢查，模型就不太會出現過度配適的情形[註1]。

評估用於統計推論之模型

在以統計建模進行統計推論時，雖然可解釋性與模型擬合之間的平衡也相當重要，但是與理解機制時的需求相比，此時對資料擬合的重視度更

註1　也可以辨識出是否選擇到了「低度配適」的模型。一般採取的做法都是在評估並選擇完模型之後，才順道檢查是否有過度配適的問題。模型是過度配適還是低度配適，並不完全取決於模型的複雜性，也跟目標系統的資料複雜度有關。

高。因此模型過度配適的風險也必須納入考量。而在此條件下選擇模型時，通常會使用同類型的模型，在可解釋性不會出現太大落差的範圍之內，選擇欲使用的變數或變更變數之間的關係式等。模型的複雜度與資料擬合度之間的平衡，是可以利用數值方式評估的。具體內容我們會在接下來的各節中說明。

▌評估應用導向建模之模型

剛才提到的可解釋性，對於應用導向建模來說，就不是那麼重要了，因為它重視的只有應用時的性能（模型的預測性能等）優劣，也就是模型對（未知）資料的擬合程度高低。由於這類模型的目標是盡可能提高模型的擬合程度，因此過程中要避免模型過於複雜導致過度配適的情形（圖 14.1.1）。

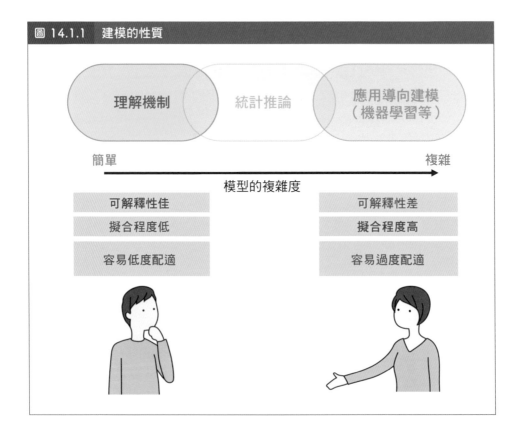

圖 14.1.1　建模的性質

14.2　分類準確率之指標

測量擬合程度的優劣與性能

選擇模型的第一步，就是測量模型與資料的擬合程度。擬合程度一般稱為**適合度**（goodness of fit）。我們在參數估計時使用的目標函數（均方誤差與對數概似），就是適合度指標。之前在線性迴歸中出現過的決定係數 R^2，也是適合度指標的一種。基本上，這些指標都可以直接用來評估擬合程度的優劣，但除此之外，我們還會再介紹幾種可以在分類問題中評估預測性能的指標。

準確率、召回率、特異度、精確率、F 分數

假設現在有一個模型可以根據個人的某些資料（如血液檢驗結果）判斷出他是否罹患疾病，且該疾病的盛行率為人口的 1%，也就是每 100 人中就有 1 人罹患該疾病。若要確認此模型的預測結果，我們可以列出 4 種情形：「正確地將健康者預測為健康者」、「錯誤地將健康者預測為罹病者」、「錯誤地將罹病者預測為健康者」以及「正確地將罹病者預測為罹病者」（圖 14.2.1）。

首先假設此模型是對所有人都會預測為「健康」的不良模型。由於實際上有 99% 的人是健康的，因此該模型會有 99% 的預測為正確。這種所有正確預測所佔的比例，稱為**準確率**（accuracy）（圖 14.2.2）。

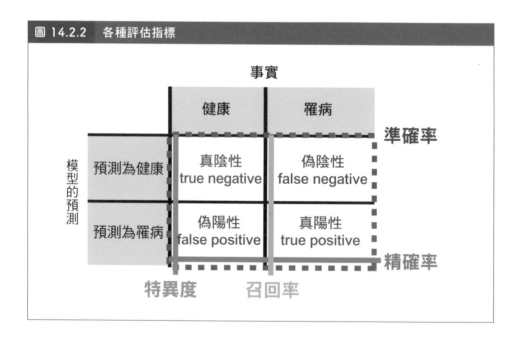

當然，即使「準確率」達到 99%，若無法正確分辨出罹病者，也還是沒有意義。

而要正確評估這項性能,則必須測量「正確地將罹病者預測為罹病者的比例」。這稱為**召回率**(recall)。跟剛才一樣,其實我們只要將所有人都預測為「罹病」,就可以提高召回率了。但如此一來,模型就無法將真正的健康者預測為「健康」。將健康者預測為「健康」的比例,稱為**特異度**(specificity)。

不過想要確實檢測出罹病者時,通常也會不小心讓健康者出現陽性反應。但是若為了防止這種情況發生而提高檢測標準,反而又會漏掉真正的罹病者。在被預測為「罹病者」的人中,實際罹病的比例稱為**精準率**(precision)。精準率和召回率之間存在權衡關係,而對兩者取調和平均數所得到的指標,稱為 **F 分數**(F score)。我們可以從這些指標(圖 14.2.2)當中,根據目的選擇應最大化的指標使用。

▌ ROC 曲線與曲線下面積

以將資料分類成 2 種類別為目標的模型,通常會計算代表「輸入與 2 種類別有多接近」的數值分數,再根據該分數輸出其中一種類別。以本節開頭的模型為例,假設它計算的是個人的「罹病程度」,且該值取 0 到 1 的實數,其中 0 對應到「確實健康」,1 對應到「確實罹病」。

若該模型根據某人的資料,預測其罹病程度為 0.6,則此人是否該被分類到「罹病者」呢?

我們在前一段的說明中也有提到,若這個基準(稱為**閾值**[註2],threshold)設得太高,真正的罹病者會被漏掉。但是設得太低,又會讓許多健康者被誤診為「罹病」(圖 14.2.3)。**在理想的模型中**,只要適當地設定該值(例如只要罹病程度超過 0.5,即判斷為罹病),便能將所有人都正確分類(圖 14.2.3)。但是**在性能較差的模型中**,無論如何設定該值,都還是

註2　有些書會將「閾值」稱為「決策邊界」。

會出現一定比例的錯誤診斷（舉個較極端但較易理解的例子來說，若是完全隨機輸出分數的模型，就一定會碰到此問題）。

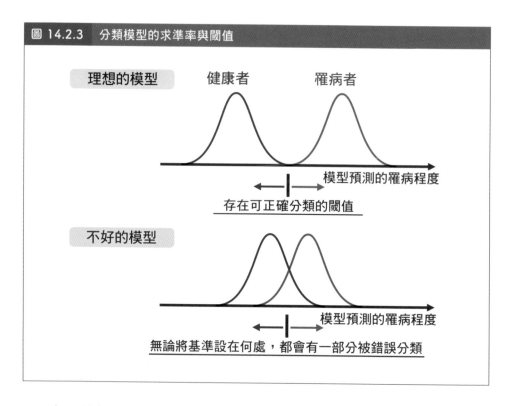

圖 14.2.3　分類模型的求準率與閾值

有一種方法就是利用這種觀點來評估模型，稱為 **ROC 曲線**（接受者操作特徵曲線[註3]，receiver operating characteristic curve）。其做法是利用改變分類用的閾值，來評估模型預測能力（此例中為罹病程度）可將 2 種類別分離到何種程度。

而評估結果可繪製成縱軸為召回率（正確判斷罹病者為罹病的比例）、橫軸為健康者被誤診成罹病者之比例（偽陽性率 ＝ 1 － 特異度）的圖表。在理想的模型中（圖 14.2.4），當我們改變閾值以提高召回率時（①～③），

註3　會取這樣的名稱是因為它原本是第二次世界大戰期間開發出來利用雷達偵測敵機的方法。

偽陽性率並不會增加（也就是說，健康者不會被誤診為罹病者）。但若在召回率被提到最高時（③），再繼續改變閾值，則會進入到將健康者判斷為罹病者的區域，使得偽陽性率開始上升（④）。

ROC 曲線在理想模型中的變化即如上所述，會先從原點開始垂直上升，當召回率達到 1 後，再開始水平變化。但是非完美（一般情況）模型當中，此曲線會往右下方移動。而此移動程度可以透過計算曲線下的面積來量化，並做為模型的評估指標，稱為**曲線下面積**（Area Under the Curve, AUC）。

此值通常介在 0.5 到 1 之間，越接近 1 就代表模型越好。

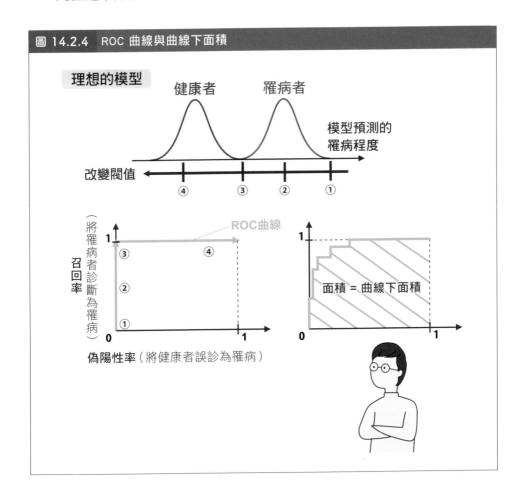

圖 14.2.4　ROC 曲線與曲線下面積

14.3 訊息準則（Information Criterion）

▌越複雜的模型，適合度越高

正如之前所述，無論我們對模型與資料的擬合程度要求有多高，只要將模型複雜化，就一定能夠達成（比如說，只要準備與資料同數量的參數，就能建立出完美重現資料的模型）（編註：可以想像如果有 5 個資料點的迴歸問題，只要我們用 5 次多項式，就能完美擬合資料）。但於此同時，過度配適的風險也會增加。因此我們必須將模型控制在適當的複雜度內，再從中選擇出最能解釋資料的模型。

本節要介紹的指標稱為**訊息準則**（information criterion）。通常此指標越小，就代表模型越好[註4]。

▌赤池訊息準則（Akaike Information Criterion）

訊息準則當中最常被使用的是**赤池訊息準則**（Akaike information criterion, AIC），其計算方式如下：

$$AIC = -2\ln L + 2k \qquad\qquad (14.3.1)$$

其中 L 為模型的最大概似度（參數估計時，最大化概似度的結果），k 則為模型中可自由更動的參數數量。運算式右側的第一項為負的對數概似，此值在擬合度越高時會越小。第二項則會隨著參數數量的增加而變大，因此可視為因模型的複雜化而增加的懲罰項。

註4　不過我們之後也會再說明，這些論述是否正確，或理論上只適用於特定模型，
　　　仍需視個別情況決定。因此一般來說，（其實）並不能做為模型選擇時的有力根
　　　據。

實際使用時，我們會先計算 AIC 值，再選擇其值較小的模型。AIC 的概念是比較不同模型解釋（預測）相同資料的能力[註5]。AIC 在統計建模的領域中使用率特別高，大部分的函式庫都有提供自動計算的工具。

貝氏訊息準則（Bayesian Information Criterion）

另一項與 AIC 同樣常用的是**貝氏訊息準則**（Bayesian information criterion, BIC）。其計算式如下：

$$BIC = -2\ln L + k\ln n \qquad (14.3.2)$$

其中 L 與 k 分別代表最大概似度與參數數量，n 則代表觀察到的資料數量。BIC 與 AIC 的相同點在於兩者都是概似度越高，值就越小，且參數的數量越多，懲罰就越重。而差別則在於 BIC 與資料的觀察數量 n 也有關。雖然 BIC 與 AIC 的形狀非常相似，但推導概念並不相同，BIC 使用的是貝氏統計中最大化**邊際概似度**（marginal likelihood）的概念[註6]。

其他訊息準則

以上介紹的 AIC 與 BIC 都只是較具代表性的訊息準則，其他還有許多訊息準則是根據它們改良或擴展而成。這邊稍微簡單介紹幾款較具代表

註5　由於運算式（14.3.1）是利用近似計算推導出來，但複雜的模型，如混和模型或神經網路等（稱為奇異模型，singular model），有可能近似不成立，或根本無法使用最大概似估計，因此無法確保理論的可行性。此外，也有 AIC 只能用於巢狀模型（Nested Model）的說法。

註6　雖然邊際概似度代表的是資料從該模型生成的機率，但它是根據貝氏統計的概念，計算參數在某個機率分佈下的期望值。雖然較差的參數值有比較低的機率值，但隨著參數量增加，不良的參數值影響也會增加，因此會產生懲罰效果。

性的：基於編碼理論的**最小描述長度**（Minimum Description Length, MDL）、使 AIC 適用於階層式模型的**偏差訊息準則**（Deviance Information Criterion, DIC），以及使 AIC 和 BIC 適用於更廣泛模型[7] 的**廣泛性適用訊息準則**（Widely Applicable Information Criterion, WAIC）與**廣泛性適用貝氏訊息準則**（Widely applicable Bayesian Information Criterion, WBIC）。

　　一般來說，即使利用這類指標來選擇模型，仍無法避免掉「由於無法得知真實模型，因此只能以有限的資料來評估模型」的困境。我們之前在介紹 AIC 時也有提到，其實最可靠的做法就是實際確認建立出來的模型對未知資料是否也適用。但是利用此方法時，除了要有建構模型所需的資料之外，還必須準備測試模型用的資料，有時候卻無法取得更多資料。這種時候，本節介紹的訊息準則就能派上用場了！

註7　奇異模型。

14.4 與虛無模型（Null Model）的比較與概似比檢驗（Likelihood Ratio Test）

模型中的元素是否具有意義？

接下來要討論的是，當一個模型被包含在另一個模型中（稱為「**巢狀**（nested）」模型）時，該如何比較這些模型。這種分析不只可以用來尋找較佳的模型，當要驗證目標系統中的元素是否為重要元素時，它也會是相當重要的概念。

假設我們現在要比較 2 個模型。一個是我們想要建立的模型，另一個則是**虛無模型**（null model）。虛無模型指的是將建模時認為必須擁有的元素（比如說，「某個變數，或某個數學結構，可以解釋目標系統」）全數移除的模型。

若比較這 2 種模型的性能後，結果顯示我們想要建立的模型對資料的解釋能力較佳，即可推得「應將此元素納入考量 = 該元素為重要因素」。

而適用的評價指標種類，則取決於使用的模型與資料之性質。若兩者的性能差異明顯，那只需要用評價指標。若差異不甚明顯，則可利用接下來要介紹的統計檢定。

概似比檢驗

概似比檢驗（likelihood ratio test）是比較巢狀模型的有效方法。但此處只會簡單說明概念，詳細處理過程請再參考其他書籍[註8]。

註8　可以參考久保拓弥的「データ解析のための統計モデリング入門」（岩波書店）。

　　我們之前曾經提過，通常模型越複雜，與資料的擬合程度就會越好。因此在比較巢狀模型時，較複雜的模型，適合度一定會較高。概似比檢驗就是利用此適合度之差，來判斷模型究竟是單純因為複雜性才與資料擁有良好擬合，還是因為包含到了核心元素的做法。

　　簡單來說，概似比檢驗一開始會先假設資料是由虛無模型生成。接著實際利用虛無模型隨機生成資料（以此方式取得的資料稱為**替代資料**（surrogate data）），並用生成資料訓練虛無模型以及我們想要建立的模型[註9]。因為分析由虛無模型生成的資料，其實就是在模擬「我們想要建立的模型的複雜度能夠使適合度提高多少」。

　　將此過程重複執行數次，即可獲得適合度之差的分佈（圖 14.4.1）。最後，我們使用真實資料訓練虛無模型以及我們想要建立的模型，計算出適合度之差，並且與分佈做比較得到此適合度之差的發生機率。若該機率小於我們事前決定的顯著水準，即表示我們想要建立的模型的性能比較好，且無法使用「只是剛好因為較複雜才會得到較高的適合度」來說明了，因此可推論其為顯著的「好模型」。

▍統計檢定與虛無模型

　　我們在說明如何比較模型時提到的虛無模型使用方式，其實在統計檢定中也會使用。當我們從資料中計算出某個量，並認為是無法以虛無假設解釋的異常值（統計顯著）時，此時常會用到常態分佈，因此可以將虛無模型視為常態分佈機率模型（不一定要使用常態分佈）。若是使用其他分佈，則必須自行（利用模擬等）設定分佈。

註9　概似比檢驗是將對數概似之差（概似度比的對數）乘以 2（稱為**偏差**）的結果做為適合度之差。該值呈現的分佈有時可以 χ^2 分佈來近似，此時即使跳過此步驟，也能夠計算出 p 值。

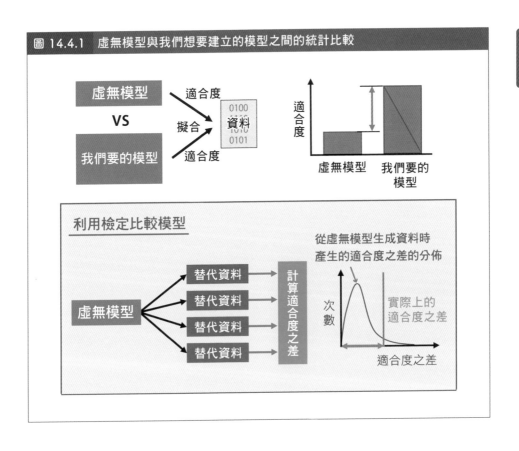

圖 14.4.1 虛無模型與我們想要建立的模型之間的統計比較

14.5 交叉驗證（Cross-Validation）

▋利用未知資料實際測試模型性能

　　當我們需要評估訓練好的模型對未知資料的解釋能力時，可以將手邊資料分成 2 種，一種用來建立模型（訓練資料），一種則用來驗證模型性能（驗證資料）。這種做法在資料經過分割後，模型仍能順利訓練的情況下，會是非常有效的模型評估方法。將資料單純分為訓練資料與驗證資料 2 種的性能評估法，稱為**保留驗證**（hold-out validation）。這種方法雖然簡單，但缺點是一旦驗證資料增加，訓練資料便會減少。

　　為了改善此缺點，常用的做法是接下來要介紹的**交叉驗證**（cross-validation）[註10]。

　　最標準的交叉驗證是 **K 折交叉驗證**（K-fold cross-validation）。其做法是將整體資料分割為 K 個區塊，先利用當中的 K - 1 個區塊訓練模型，再利用剩下未使用的 1 個區塊評估模型性能（圖 14.5.1）。由於這樣會產生 K 種資料分割結果，因此只要對每一種分割結果都進行模型的推測與評估，再將性能取平均值，最終得到的結果即可視為該模型之性能[註11]。

　　而其中最極端的分割方式就是只保留 1 個樣本做為驗證資料的交叉驗證法，稱為**留一交叉驗證**（Leave-One-Out Cross-Validation, LOOCV），採用此方式將會有最多的分割數量（編註：使用 LOOCV 要注意避免模型

註10　也有一種做法是在交叉驗證前保留部分資料，於最終性能評估時使用。

註11　某些情況會特別需要注意分割方式。比如說，分類問題中的訓練資料就必須均衡包含各種類別的資料（否則模型將無法學習到未包含在訓練資料中的類別）。此外，之後也會再談到，若要對時間序列資料使用交叉驗證，則須採取能夠公正評估的分割方式。

評價結果太好，因而失準）。至於實際執行時應分割到多細，則必須考慮到與計算成本等方面之間的平衡。除此之外，根據問題的類型與資料的性質及數量，還有許多不同的分割方式可以使用。

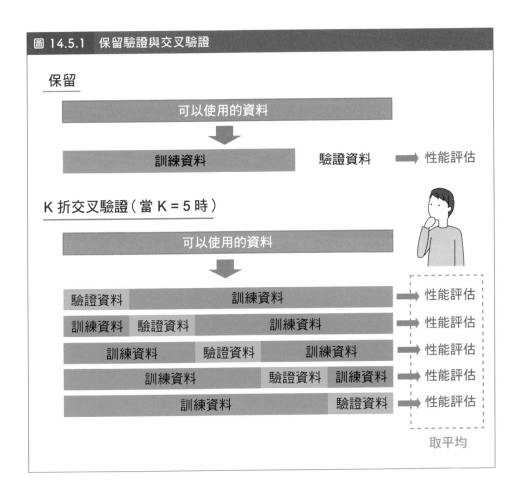

圖 14.5.1 保留驗證與交叉驗證

雖然交叉驗證對於避免模型過度配適具有一定的效果，但是在模型選擇與超參數調整的過程當中，還是有可能會對整體資料過度配適，這點請務必留意。

避免資料洩漏

　　若要進行公正的性能評估，在將資料分割為訓練用與驗證用時，確認「這些資料皆可被視為完全獨立之資料」是非常重要的。如果訓練資料當中留有某些驗證資料的資訊，模型就有可能出現高得不合理的性能表現。這種情況稱為**洩漏**（leakage）。

　　常見的例子是將時間序列資料當中相鄰的觀察值分割成訓練資料與驗證資料（只要參考訓練資料附近的點，就可以知道答案），或是訓練資料中含有時序上較驗證資料還晚的資料（未來的資料中會含有過去的資訊）等。

　　除此之外，先對整體資料做預處理，再進行資料分割也可能導致資訊洩漏。因此最理想的做法是將一切要對資料進行的處理，皆安排在分割之後個別執行。由於洩漏是連老手都常犯的錯誤，因此請務必謹慎以待。各位可以掌握一個基本概念，如果未來能夠取得更多資料，可再確認使用新資料來評估模型性能的方法，是否與驗證流程相同。

模型的可信度與未知資料

　　利用交叉驗證避免模型過度配適，可說是在進行一般資料分析時，所有可行的做法中，最可靠的一種做法。雖然交叉驗證常用於易出現過度配適的應用導向建模當中，但同樣的概念其實也能用在理解導向建模當中評估模型的可信度。比如說，藉由建構模型並研究其性質（如更改參數後出現的行為），來預測一個未知的現象，有機會在之後實驗獲得證實。

　　在這背後的邏輯是，**可以解釋某項資料的模型，不太可能只是「剛好」能夠解釋另一項新的資料**（編註：模型有抓到目標系統的特性，而非只是把訓練資料背起來，因此透過調整模型，可以預測一些實驗尚未完成的現象）。但反過來說，**其實數學模型的推測也不過是在假設的模型當中，選出最接近訓練資料的模型而已**，因此在衡量擬合程度與表現力的關係之後，我們必須要有認知，有可能模型在沒有抓到目標系統的特性之下做出預測。

第四篇

　　雖然評估模型時必須注意的事項很多，但只要確實依照本章說明的內容執行，相信一定能在資料分析當中充分發揮「數學模型的力量」！

第 14 章小結

● 「好的模型」是可以協助達成目標的模型。

● 評估的觀點及指標取決於欲達成之目標。

● 當無法取得測試資料時，訊息準則會是相當有效的工具。

● 當能夠取得測試資料時，則可執行保留驗證與交叉驗證。

第14章

第四篇 摘要

第四篇說明了實際建構數學模型時，每個步驟所應考慮的重點及具體做法。由於建模的做法會根據欲達成之目的而有相當大的差異，因此我們對這些做法之間的關係，與應該在何時使用何種做法，也都做了整體性的介紹。雖然大部分的內容都是在談論最基本的情形，但是若能將這些內容與特殊情形進行對照思考，相信將能帶來更深入的理解。

MEMO

後記

本書以初學者的角度出發，針對數學模型的相關內容進行了一次全面性的介紹。「數學模型」的整體概念其實非常廣，光是要整理出各領域中存在的類型，就必須面對相當龐大的資訊量。但本書做為入門書籍希望達到的目標，是在盡量不偏離基本主題的情況下，捨棄單純條列的方式，確實說明數學模型的適用性、基本概念及彼此之間的關連性。

本書的特色則是由單一作者（而非多位作者共同撰寫）將所有主題整理成冊。希望藉由這種方式與現有書籍做出區隔，打造出一本具有高度一致性及整合性的入門書。

其實決定好要使用的數學模型之後，要再針對各步驟的執行方式進行研究，了解有什麼適合的選項或是該如何運用等，相對來說都比較容易。但是要真正了解為什麼必須使用這些做法，或實際上是否有更直接的解決方式，還是要先對各種模型的使用方法有一個通盤性的了解。若能確實掌握本書講解內容，相信無論使用何種方式進行數學建模，都能使用適當的概念進行後續分析。

本書在各項主題的講解過程當中，其實也包含了某些刻意不做詳細解釋或刻意不以實例說明的部分。之所以這樣做，雖然是因為不想讓偏離核心的內容占用書中版面或讀者寶貴的時間，但或許會讓一些讀者覺得比較抽象一點。

本書的設計理念是先讓讀者大致掌握數學模型的基本概念，之後再利用其他參考書籍具體研究各種建模方式的細節。相信能夠看到這邊的讀者，未來一定都能以更清晰的觀點進行數學模型的相關學習。

希望各位往後對各種數學模型都有了更深入的理解之後，能夠再次翻閱本書，或許可以再獲得一些新的見解喔！

作者簡介

東京大學先端科學技術研究中心特任講師。

2011 年畢業於東京大學工學部航空太空工程學系。2015 年取得同系所課程博士學位（因表現優異而縮短修業年限 1 年）與論文博士學位（工程學）。曾任日本學術振興會特別研究員、日本國立情報學研究所專案計畫研究員、日本國立研究開發法人科學技術振興機構 PRESTO 研究員與史丹佛大學訪問學者，自 2020 年起擔任現職。曾獲東京大學校長獎及井上研究獎勵獎等。致力於憑藉數學分析技術，解決統計力學、腦科學、行為經濟學、生物化學、運輸工程與物流科學等多重領域之問題。

旗 標 FLAG

好書能增進知識　提高學習效率　卓越的品質是旗標的信念與堅持

旗 標 FLAG

http://www.flag.com.tw